JN223428

よりよくわかる
プロジェクトマネジメント

日本プロジェクトマネジメント協会●編

Project
Management

Ohmsha

本書を発行するにあたって、内容に誤りのないようできる限りの注意を払いましたが、本書の内容を適用した結果生じたこと、また、適用できなかった結果について、著者、出版社とも一切の責任を負いませんのでご了承ください。

本書は、「著作権法」によって、著作権等の権利が保護されている著作物です。本書の複製権・翻訳権・上映権・譲渡権・公衆送信権（送信可能化権を含む）は著作権者が保有しています。本書の全部または一部につき、無断で転載、複写複製、電子的装置への入力等をされると、著作権等の権利侵害となる場合があります。また、代行業者等の第三者によるスキャンやデジタル化は、たとえ個人や家庭内での利用であっても著作権法上認められておりませんので、ご注意ください。

本書の無断複写は、著作権法上の制限事項を除き、禁じられています。本書の複写複製を希望される場合は、そのつど事前に下記へ連絡して許諾を得てください。

出版者著作権管理機構
（電話 03-5244-5088，FAX 03-5244-5089，e-mail: info@jcopy.or.jp）

JCOPY ＜出版者著作権管理機構 委託出版物＞

はじめに

みなさんは、プロジェクトという言葉をどこかで見たり、聞いたり、あるいは自分で使ったりした経験があるのではないでしょうか。「試験合格プロジェクト」「学園祭プロジェクト」「新車開発プロジェクト」などなど、どれもみな、立派なプロジェクトです。プロジェクトを一言で言ってしまえば、「新しいことに挑戦する」ことすべてを指すと言っていいのではないでしょうか。

そして、プロジェクトマネジメントは、プロジェクトを実行するにあたって、どう進めたらうまくいくか、を体系的にまとめた方法論ということになります。

実は、プロジェクトマネジメントの歴史は古く、エジプトのピラミッドが起源だと言われていますが明確な記録は残っていません。プロジェクトマネジメントの方法論が記録され、体系化されるのは20世紀後半まで待たなくてはなりませんでした。その後、広く普及、発展し、現在では、多くの国で、さまざまな標準や体系が発表されています。

しかし、プロジェクトマネジメントが具体的にどういうものか、どう役に立つのかをやさしい言葉で説明することはなかなか難しいとも言われています。

本書は、「プロジェクトマネジメントとは何か」の解説にあたり、身近なプロジェクトとして「家づくり」を題材として、施主（佐藤家）の「構想・企画」編と施工会社（前田工務店）の「実施」編に分け、プロジェクトマネジメントがどのように行われ、どのような役割を果たすのかをやさしく解説しています。

本書を読まれたみなさんが、「なんだ、プロジェクトマネジメントって簡単なんだ」「自分でもできそうだ」と思っていただき、みなさんの仕事の効率化や目標の確実な達成に活用していただくことを本書の目的にしています。

みなさんが本書に紹介したさまざまな方法論を活用され、プロジェクトマネジメントを使いこなし、仕事やプロジェクトの効果・効率を向上させられることを期待しています。

2019年9月

特定非営利活動法人　日本プロジェクトマネジメント協会
理事長　加　藤　亨

もくじ

第4章 新しい暮らしが始まる―まずは引っ越しから―

第5章 プロジェクトマネジメント解説

第1章

プロジェクトマネジメントとは

日本の社会はいま、見回すとプロジェクトだらけです。

ボーダーレス社会の定着、ICTによるビジネスの仕組みの変革・大規模な地域開発・建設、グローバル化など、マーケットに合わせてビジネスの仕組みを柔軟に変え、付加価値を生み出していかなければ生き残れない時代です。すなわち、変革とスピードが求められています。

ゼロベースで計画をつくり、見える化を実践し、チームで効率よく運用するにはプロジェクトマネジメントが最適です。この章でまずは基本を理解し、活用してみませんか。

8 Aug
1 2 3 4
5 6 7 8 9 10 11
12 13 14 15 16 17 18
19 20 21 22 23 24 25
26 27 28 29 30 31

1 誰でもできるプロジェクトマネジメント

プロジェクトは身近な存在で、企業や組織で幅広く実施されています。

家づくり・学園祭のようなイベント、シンポジウム、工場建設、組織改革、情報システム開発、さらには結婚式や旅行のようにプライベートにも多くの事例があります。

プロジェクトの特徴として、明確な「目的、目標」と「期限（納期）」があることです。多くの人々がいろいろなプロジェクトに参加していると思いますが、プロジェクトの正しい進め方を知っているでしょうか？

プロジェクトで使われるマネジメント手法を「プロジェクトマネジメント（PM）」といい、仕事を進めるときの一つの手法です。日常のイベント（仕事）のなかでも活用でき、活動を見える化し、効率および効果を上げて成功に導くことができます。

仕事には「定常業務」と「プロジェクト」の2種類があり、通常は「定常業務」が基本です。「定常業務」で達成が困難な場合には「定常業務」から切り離し、「プロジェクト」として臨時の「プロジェクト組織」をつくり、実施されます。

定常業務とプロジェクトの違い

定常業務	事業の基盤となる業務や日常進められているルーティン業務 〔例〕工場での商品生産、店頭での商品販売、経理業務など
プロジェクト	特定の目標達成のために推進組織をつくり、期間を決めて実行 〔例〕ビル建設、石油プラント建設、宇宙開発、ICTシステム開発、運動会、町内のお祭りなど

プロジェクトマネジメントの場面

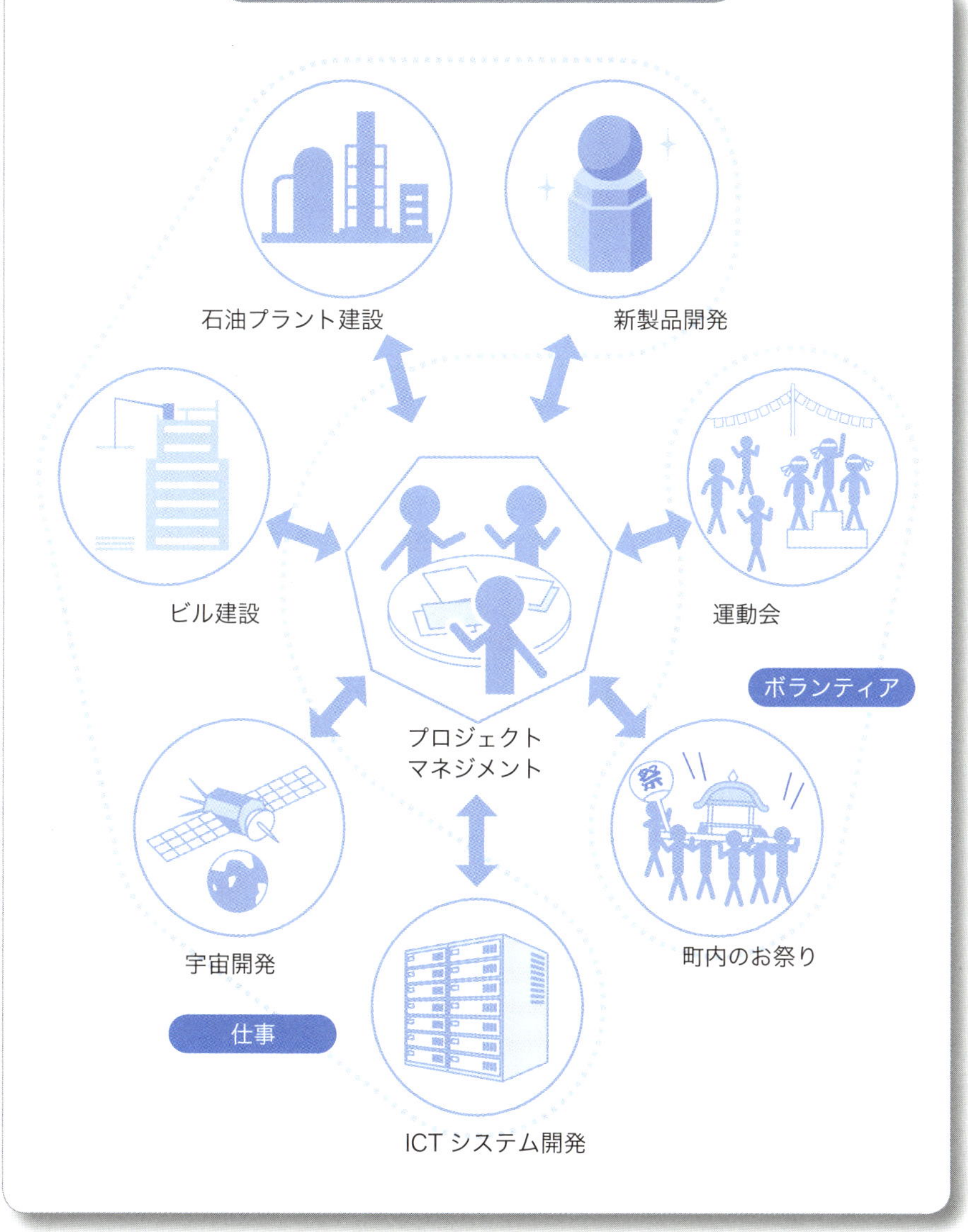

用語解説

プロジェクトマネジメント

- プロジェクトを合理的かつ効果的に進める標準化されたマネジメント手法
- 過去のプロジェクトで活用された各手法の集大成
- 先達の成功や失敗を整理し、まとめた知恵の産物

2

プロジェクトマネジメントとは

プロジェクトマネジメントは「プロジェクトに関係する人たちの要求や期待に応えられるように、バランスよく計画、運営するための知識および手法」と定義されます。

左図は、プロジェクトマネジメントの業務範囲とフェーズを示しています。

基本は次の4つのフェーズです。

「構想・企画」
「計画」
「実施」
「完了」

プロジェクトマネジメントは「プロジェクト構想・企画」から始まります。「実施する価値があるプロジェクトか」「プロジェクトの基本計画は問題がないか」などを検討し、プロジェクトが絵に描いた餅にならないように実現性の検証（FS：Feasibility Study）を経て「実施」が決まります。構想力と企画力を何より必要とします。

構想・企画を経て、プロジェクトのゴー・サインが出たら、プロジェクトマネジメントの計画を組み立てます。ここでは各計画要素の適切さを判断する力が重要です。

次はプロジェクト実施です。プロジェクトの推進のなかでプロジェクトマネジャーは、プロジェクトチームを統率し、問題の解決を行い、プロジェクトを進めます。定期的に進捗をはかって評価し、修正措置を講じて状況の変化に対応していきます。

プロジェクトマネジャーには判断力、決断力、チームの人間関係の構築、リスクや問題への対応など、強い精神力とコミュニケーション力が求められます。

プロジェクトが完成に近づいたら残った作業を完了させ、計画通りにプロジェクトを終結させます。

プロジェクトマネジメントの流れ

プロジェクト構想・企画

- 目的の明確化
- ステークホルダーの特定
- プロジェクト成果物の特定
- 概略作業範囲の設定
- 制約条件の確認（予算、工程、ほか）
- 完成時の付加価値の想定

どんな家に
しようかな

プロジェクト計画

- スコープ（作業範囲）の詳細設定
- 詳細見積もりと予算計画
- 工程計画
- 品質計画
- 組織編成
- リスク予知・対策
- プロジェクト総合計画

プロジェクト
マネジャー

プロジェクト実施

- 全体統率
- 問題解決
- 中間成果の把握
- 修正措置
- 連携・報告・調整
- 環境変化への対応

プロジェクト完了

- 引き渡し
- 完成プロジェクトの評価
- 教訓の整理

用語解説

FS（Feasibility Study：フィジビリティスタディ）

プロジェクトや事業に着手するとき、事業としての実施の可能性があるか、技術的に可能かなど採算性や実現性の調査を事前に行うこと。フィジビリティスタディの調査および対象項目としては、市場調査、技術検討、経済性評価、投資評価などが含まれる。

3 プロジェクトマネジメントの計画プロセス

プロジェクトマネジメントにおける計画プロセスは左図のようにまとめられます。

プロジェクトの進め方を見えるようにするツール（手法）です。

手順の基本は以下となります。

①プロジェクトの目標を確認し、定義する
　ゴール、実施場所、完了期日、手段、予算、評価指標
②チームを編成し、チームリーダーを決める
③何をするか（実施項目：ＷＢＳ）、役務・供給範囲を明確にする
④作業手順を検討し、役割分担表をつくる（誰が、何を）
⑤工程表（スケジュール）をつくる
⑥コミュニケーション計画をつくる（定期報告、連絡会議など）
⑦ステークホルダーを把握し、対応策を練り、管理表をつくる
⑧リスクを把握し、対策を管理表にまとめる
⑨実行予算書から予算管理表をつくる
⑩評価指標をつくる（成功の基準、失敗の基準）

最後に、「プロジェクト計画書」として見える化し、これをまとめます。

このプロジェクトマネジメントの10の基本プロセスを実施することでプロジェクトの全体が見えるようになり、プロジェクトの大小、種別に関係なく進めることができます。

また、プロジェクトだけでなく、いろいろな仕事を見える化し活用することで、業務を効果的かつ効率的に進めることができます。

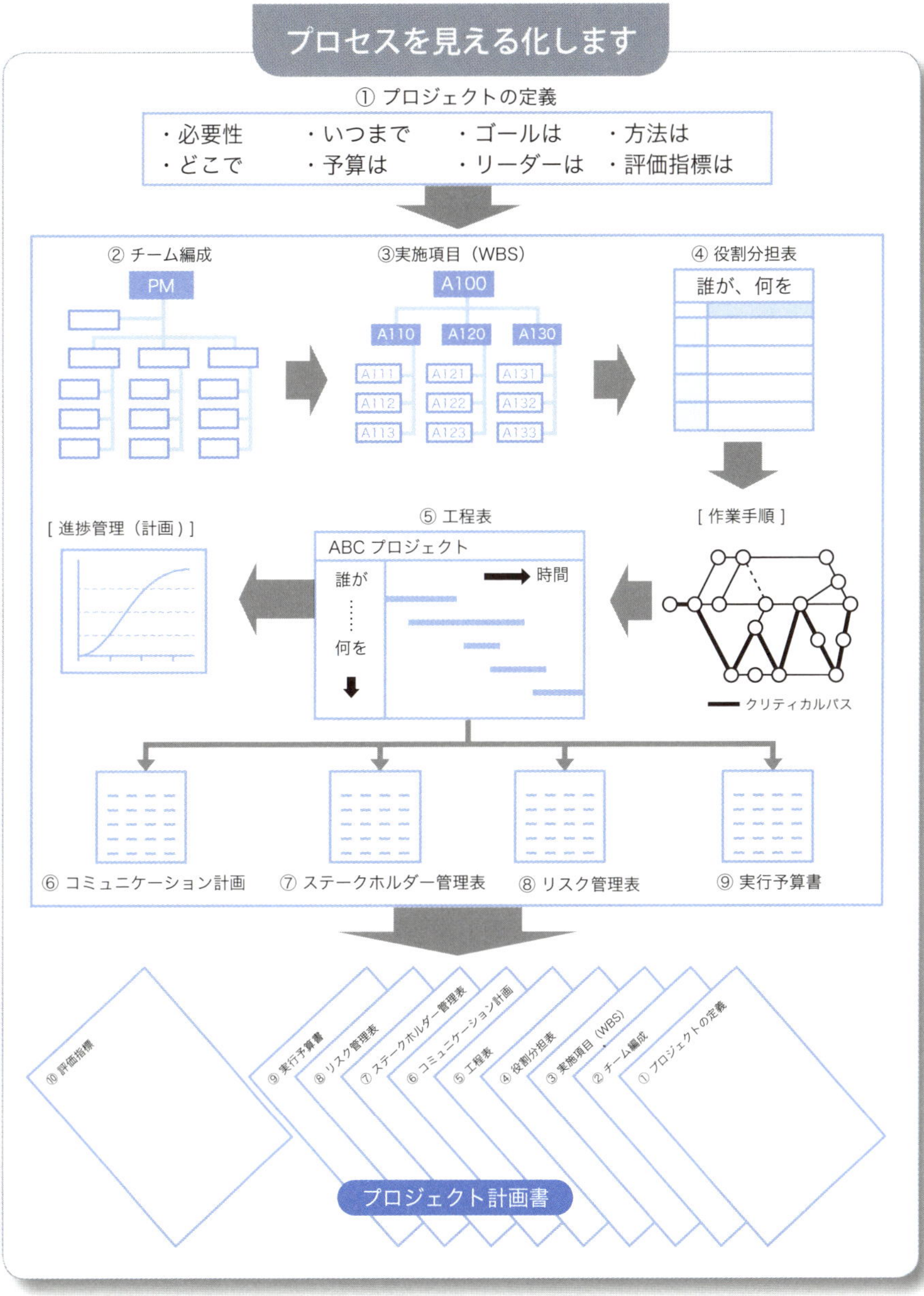

用語解説　**ステークホルダー**
プロジェクトから影響を受ける人々。一般的には利害関係者という。

4 課題解決へのプロジェクトマネジメント

一般に企業や組織は戦略の実現、課題の解決に向け、多くのプロジェクトに取り組んでいます。プロジェクトは成果を得るために推進組織(プロジェクトチーム)をつくり、目的・目標の実現へ、タイムリーに意思を決定し、進めていく必要があります。

プロジェクトを取り巻く制約は、資源(ヒト、モノ、カネ、時間)、品質、リスクなど多岐にわたり、その多くはトレードオフの関係にあります。

プロジェクトマネジメントを平易にいうと、チームで実行し、プロジェクトを取り巻く多くの制約のなかで計画・遂行し、それぞれの局面で意思を決定し、合理的に判断、実行し、目標の達成(完了)を実現する手法です。また、長年にわたるノウハウの蓄積と研究により改良・標準化され、基本がわかれば誰にでも活用することができます。

変化が激しくスピードが求められる現在、企業・組織を取り巻く環境はますます多様化し複雑化してきています。組織課題の解決や目標の実現へ実行されるプロジェクトとその実行手法であるプロジェクトマネジメントに多くの期待を寄せられています。

責任者であるプロジェクトマネジャーは高い視点と、目標達成への的確な判断とフレキシブルな対応が求められます。

プロジェクトマネジメントの特徴は、

①組織(チーム)での業務に活用できる

②「構想・企画」「計画」「実行(進捗管理)」「完了」の各フェーズを「見える化」できる

③基本が理解できれば誰でも活用できる

「段取り八分、仕事二分」といわれるように事前の準備が大事です。これを具体的に実現するのが「プロジェクトマネジメント」です。

用語解説

トレードオフ

いわゆる「あちらを立てれば、こちらが立たず」という関連する複数の要素間で一つを改善すれば、一方が悪化するといった関係。使用できる資源（ヒト、モノ、カネ、時間）が有限ゆえに発生する。

5 プロジェクトマネジメントのスタンダード

現在のプロジェクトマネジメント手法は、各企業や業界に特化して構築したものと、業界を越えた専門家が集まって構築したものに分けられます。

アメリカのＰＭＩ®はプロジェクトマネジメントの専門家で構成される世界最大の団体で、約60万人の会員を有し、プロジェクトマネジメントプロセスの標準化をリードしています。

世界的にみると、ヨーロッパに本拠地を置くＩＰＭＡや、イギリスの商務局が作成して定着化を進めたＰＲＩＮＣＥ２®の団体（現在はＡＸＥＬＯＳ）なども あり、それぞれ特徴を持っています。

日本においては、石油などの大規模プラント系の企業がプロジェクトマネジメントの技法を先導しました。１９９０年代のＩＴ産業の躍進がプロジェクトマネジメントの導入と定着化に拍車をかけ、１９９８年にはエンジニアリング協会（ＥＮＡＡ）のなかに日本プロジェクトマネジメントフォーラム（ＪＰＭＦ）が任意団体として発足。同時に、ＰＭＩ®東京支部（現在のＰＭＩ®日本支部）が設立されました。１９９９年にはプロジェクトマネジメント学会（ＰＭ学会）も発足しています。

さらに、日本では１９９９年に通商産業省（現在の経済産業省）の委託により、ＥＮＡＡが中心になって日本発信のプロジェクトマネジメントの体系化の構築を進め、プログラム&プロジェクトマネジメント（Ｐ２Ｍ）を完成させ２００１年に発行されました。現在は日本プロジェクトマネジメント協会（ＰＭＡＪ）が引き継ぎ、Ｐ２Ｍの普及と資格認定業務を行っています。

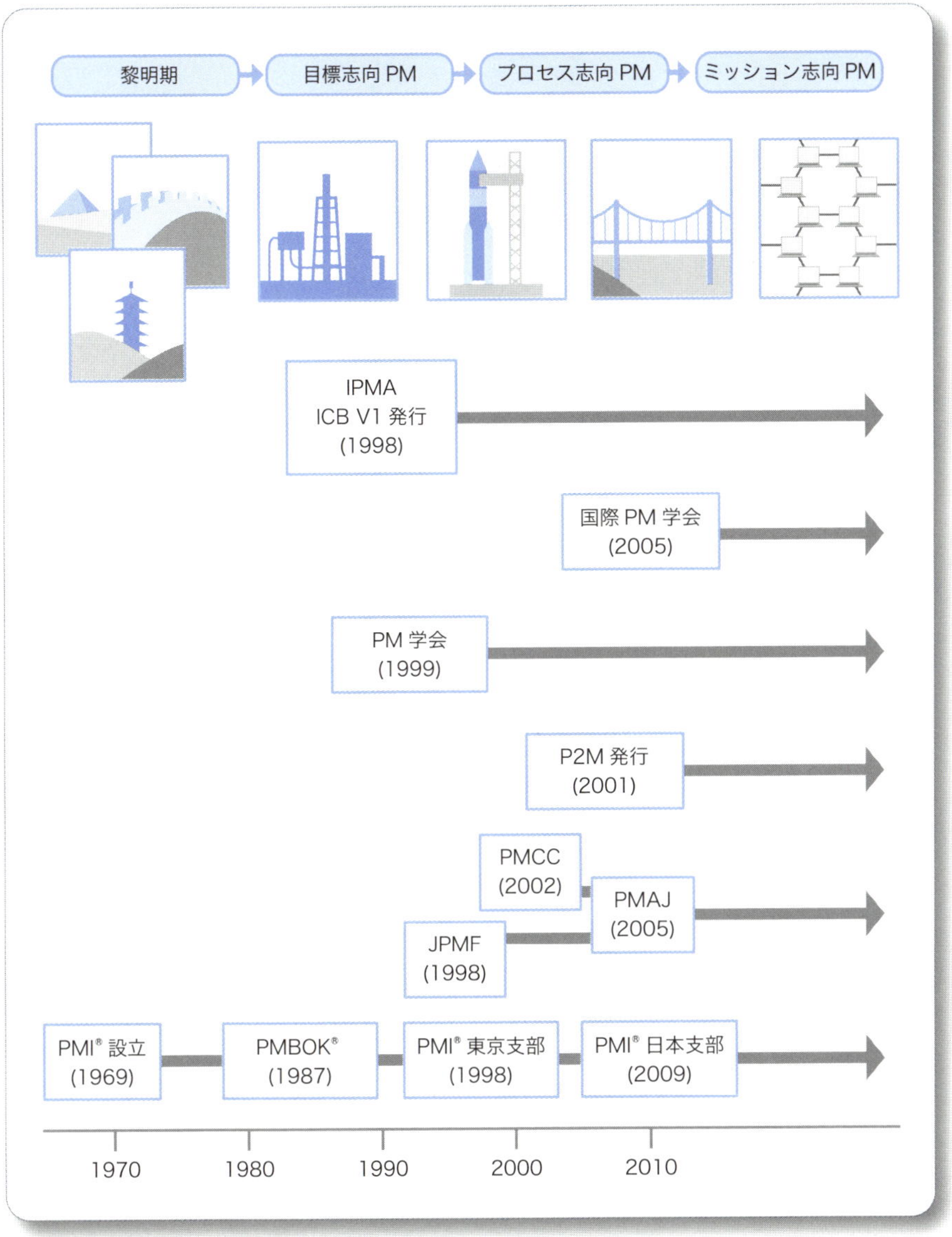

用語解説

PMI®（Project Management Institute）
IPMA（International Project Management Association）
PRINCE2®（Projects in controlled environments 2nd edition）
PMCC（プロジェクトマネジメント資格認定センター）

第2章

家づくりプロジェクト
―構想・企画―

佐藤家は4人家族。主人公の慎之介は東京で勤務するサラリーマンです。20年前に就職し、妻の紀子と結婚、今は2人の子どもとの4人家族です。

現在は3LDKの賃貸マンションで暮らしています。慎之介の母、喜子が高齢になり、長男である慎之介家族と暮らすことを望んでいます。そこで、家族と母親のことを考え、新しく家を建てることにしました。

6 構想を描き、明確にする──夢をかたちに

『父親の慎之介は友人の山田のアドバイスをもとに、マイホームの実現にプロジェクトマネジメントを使おうと、リビングに家族を集めました。みんなで考え、希望を叶える「佐藤邸新築プロジェクト」の構想を発表しました』

プロジェクトマネジメントで重要なことは「プロジェクトの実施宣言」です。プロジェクトは多くの関係者（ステークホルダー）とチームで実行していくものであり、「実施宣言」をすることで以下のことが成立します。

①プロジェクトとして正式に認知されます
②プロジェクトマネジャーが選任され、プロジェクトチームが組織されます
③プロジェクトメンバーに対し、目標達成への意志を表します
④プロジェクトメンバー以外からの協力も得やすくなります
⑤プロジェクトの目的と目標が関係者に明確に理解されます

プロジェクトマネジャーというリーダーが明確になり、責任とともに意思決定の権限が与えられます。プロジェクトの初期段階に関係者、特にプロジェクトメンバーがプロジェクトの目的と目標を理解し、共有することは極めて重要です。プロジェクト実行における意思決定をするうえでの判断基準となるからです。

佐藤家でいえば、慎之介が家づくり構想・企画のプロジェクトマネジャーとして家族全員の前で佐藤邸新築プロジェクトの実施宣言をしたことで、家族で目標を共有することとなりました。

実施宣言

目的・目標と成功のイメージの明確化と共有

実施宣言により、プロジェクトの初期段階で目標や成功イメージを理解し、共有することが重要です。

7 目的・ニーズの確認

『慎之介は「家族で考え、参加し、希望を叶える」というプロジェクトの目的に照らし、家族が自由に話し合ってアイディアをどんどん出すことにしました。夕食後、慎之介は家族を集め、ブレーンストーミングを始めました』

プロジェクトの立案段階で、目的が家族の要求に合っているのか、どのようにすれば要求に応えられるかという検討・確認を行うことが重要で、複数の目で広い視野からの検討が必要です。

関係者が集まり、意見を述べ合うことで情報共有が促進されるだけでなく、新たな発見やアイディアが生まれることが多くあるからです。

プロジェクトでの問題解決や新たな発想を模索する場合に「ブレーンストーミング」がよく用いられます。ブレーンストーミングでは、それぞれの出席者の異なる視点から自由な意見を出して発展させ、記録し、優先順位をつけるなどして方向性を探っていきます。常識から意識的に離れて発想してみることや、他の出席者の意見に乗ってさらに発展させることが大切です。

ブレーンストーミングが通常の会議での議論と大きく異なる点は「人の意見を批判、否定しない」という点を守ることが成功の秘訣です。実際のプロジェクトにおいて、ブレーンストーミングはリスクの特定、課題の抽出、解決方法の検討など、さまざまな場面で活用されます。

佐藤家では、慎之介の司会で家族が思い描くマイホームや自分の部屋の構想を語り合っています。喧嘩の多い愛子と信之の姉弟も、今回は批判はご法度です。

会議の結果、ハウスメーカーの建売住宅では家族の希望は叶えられないことがわかり、お金はかかるが土地を手当てし、注文住宅を建てることになりました。

ブレーンストーミング

用語解説　**ブレーンストーミング**

出席者が考えている事柄をできるだけ箇条書きで記録し、それをヒントに新しい事柄に気づく（同時に記録する）手法。実行に際して、以下の取り決めを前提に行うことが肝要です。司会者は取り決めが正しく行われているかを注意します。

ポイント：①人の意見を批判、否定しない　②人の意見に追加して発想を広げていく　③既成概念にとらわれず自由に発想する

8 戦略的意思決定——課題の分析手法

『慎之介と紀子は、どうやって土地を選ぶかを話し始めています。全員での話し合いが必要な状況です。次の週末に家族会議が開かれ、個々の要望や意思を確認、要素を洗い出して整理しました。土地選びには「通勤・通学時間」「駅からの距離」「周辺環境」など、それぞれが考える基点（どこそこに近いほうがいいなどの目的との地理関係）が検討要素となりました。慎之介が要素ごとにまとめ、予算の概算を立て、不動産屋に依頼して候補地を挙げてもらうこととなりました』

プロジェクトでは、戦略的意思決定が必要になります。その舵取りはプロジェクトマネジャーの役目です。プロジェクトを立ち上げる場合やプロジェクトの進行中に、成果を大きく左右する意思決定をしなければいけない場面が多く発生します。いろいろな観点から総合的に評価をしなければなりません。そのために体系的な評価、選択の手法が不可欠になります。

意思決定の考え方を以下に示します。

①ステークホルダーの意思を確認し、その要素を分析すること
②全体の目的と目標との整合性を確認すること
③意思決定の影響要因は何かを押さえること
④意思決定の優先順位、重みづけをあらかじめ行っておくこと
⑤それらをステークホルダーが共有化できる形でまとめること

これらの多角的、総合的な評価の準備ができて、初めて戦略的意思決定が可能となり、次の段階に進むことができるのです。

最終的には、慎之介が重要ファクターをもとに戦略的に判断して、購入する地域と土地の広さを決定しました。

佐藤家のプロジェクトにおける重要な意思決定

ステークホルダーの意思確認

要素の分解
- 全体のビジョンとゴールの整合
- 意思決定の影響範囲
  - 広さ
  - 制約条件（通勤時間・予算）
  - 周辺環境
  - 土地価格の将来変動
  - その他

	通勤／通学時間	駅からの距離	選定地区（希望）	基点
喜子		徒歩 15 分	東京西部	お祖父さん (多摩墓地)
慎之介	最大 90 分	徒歩 15 分	どこでも	会社 (新橋)
紀子		徒歩 15 分	近所	テニスクラブ (近所)
愛子	60 分	徒歩 15 分	東京南部	大学 (渋谷)
信之			近所	

土地選定の基本仕様の決定	重みづけ
①予 算　3,000 万円	4
② 地価　20 ～ 30 万円／m^2	4
③ 選定地区　東京西部から南部、環境良好	3
④ 最寄りの駅から歩ける距離（15 分）	5

9 大枠から決めていく――PDCA、段階的詳細化

『家族に家の構想を語った慎之介でしたが、山積みの課題のなかで、実際、どう進めるのか山田に相談しました。プロジェクトマネジメントで大事なことは「まず、大枠から決める」こと。そして、常に「ＰＤＣＡを回す」こととアドバイスを受けました。家族で検討し、信之の受験の時期を考慮して今年の年末に引っ越し、新しい家で新年を迎える計画としました』

問題や課題を解決するためにプロジェクトが生まれ目的や目標が定められました。山田のアドバイスに基づき、まず「大まかにプロジェクト全体を捉えた計画」の立案が重要です。さまざまな制約のなかで佐藤夫婦が最も重要としたのが信之の受験時期でした。

ＰＤＣＡとは計画（Plan）→実行（Do）→確認（Check）→修正（Act）の略で、一つのサイクルを形成します。プロジェクトマネジメントでは計画段階を重要視する一方で、実行段階での状況を常にチェックし、必要に応じて計画の修正を行い、目標達成を確実にしていくという手法です。

プロジェクト初期の計画は大まかに捉えたものですが、進捗に従って修正が加えられ、実行に必要なレベルまで詳細化させていきます。

プロジェクトの完成までの道のりにはいくつかの段階があります。これを「フェーズ」と呼びます。例えば、家づくりでは「計画」「設計」「調達」「建設」「引き渡し」といった段階があり、これがフェーズです。

このように、初期に全体を捉えた計画を立て、プロジェクトの進捗に応じて詳細にしていくことを「段階的詳細化（ローリングウェーブ）」と呼びます。プロジェクトマネジメントでは、詳細な点のみにとらわれ「木を見て森を見ず」といった状況に陥ることを避け、目標の全体を捉えて進めることが大切です。

大枠から細部へ

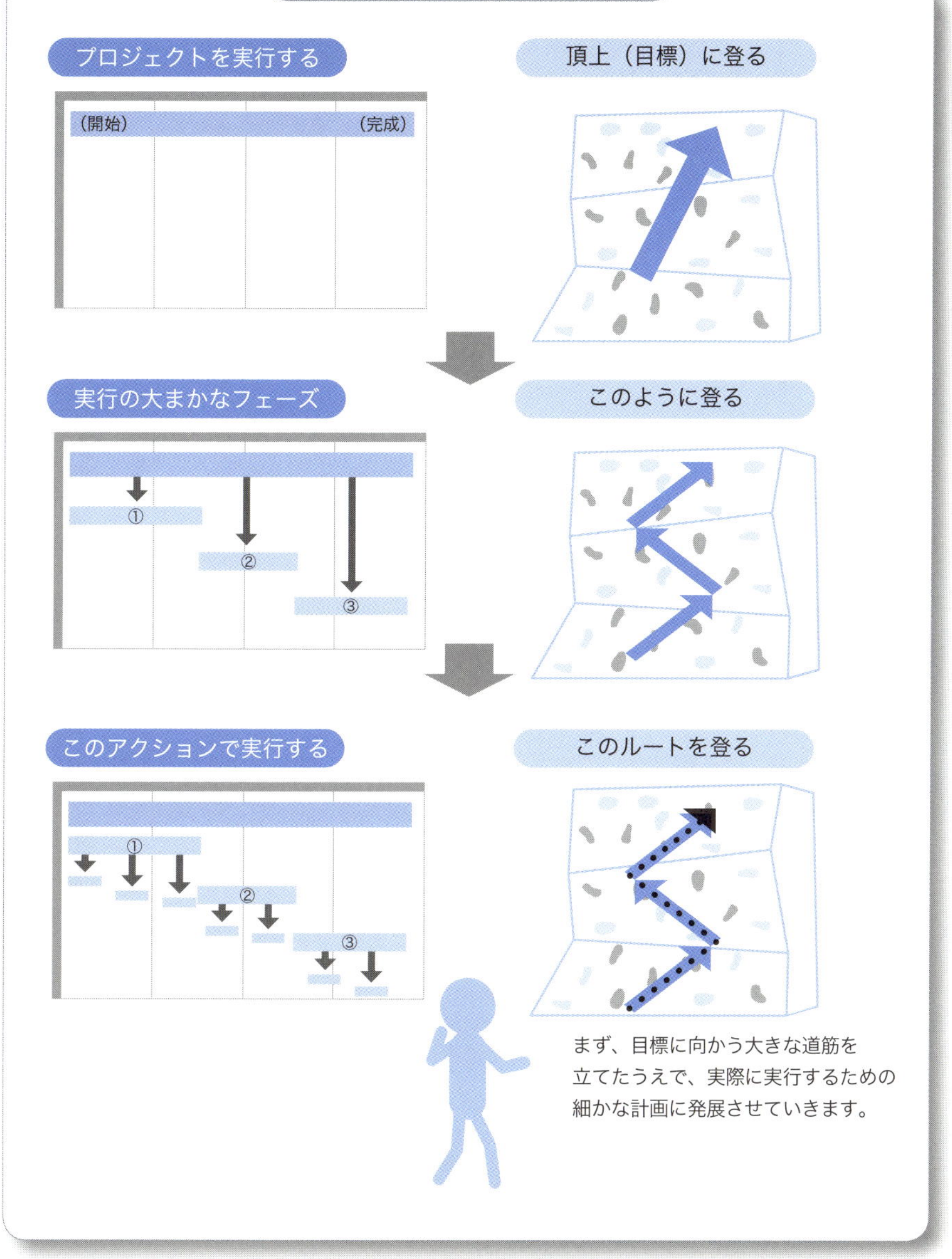
プロジェクトを実行する
（開始）
（完成）
頂上（目標）に登る
実行の大まかなフェーズ
①
②
③
このように登る
このアクションで実行する
①
②
③
このルートを登る
まず、目標に向かう大きな道筋を
立てたうえで、実際に実行するための
細かな計画に発展させていきます。

10 概算コストを見積もる──資金計画

『慎之介は紀子とともに具体的な予算の検討を始めました。貯金は少しあるが、住宅ローンの借り入れも必要です。マイホームには家族で話した内容をできるだけ反映していきたいと考えています。土地の購入もあり、わが家にいくらぐらいのお金をかけることができるのか、概算コストを算出して資金計画をつくる必要があります』

プロジェクトの初期段階で、実施の可否や代替案を検討するために概算コストを把握する必要があり、戦略を検討するうえでも重要です。

十分なコスト算出の基礎情報がない段階で概算コストを把握する手法として以下が挙げられます。

①過去のさまざまな事例からの引用
②類似プロジェクトのコストデータの利用
③公開された一般コスト情報の利用
④専門家の知見の活用

プロジェクトマネジメントでは、まず、大枠をつかむことが重要です。概算コストの把握はプロジェクトの採否に関わる項目として特に重要になります。また、プロジェクトにおいても、どのコスト項目に注目すべきか、目標の設定をどこに置くかという戦略づくりに直結します。

概算コストを把握し、必要資金が準備できるか否かの検討が必要です。佐藤家のマイホームの場合、収入源は慎之介の年収のみと考えると、普段の生活で必要になる費用を除き、いくらの額が住宅ローンの返済に充てられるかによって借入額が決まります。20年、30年というスパンで家族のライフサイクルを考えて資金計画を立て、マイホームプロジェクトの目的である家族の快適な生活を実現することが大切です。

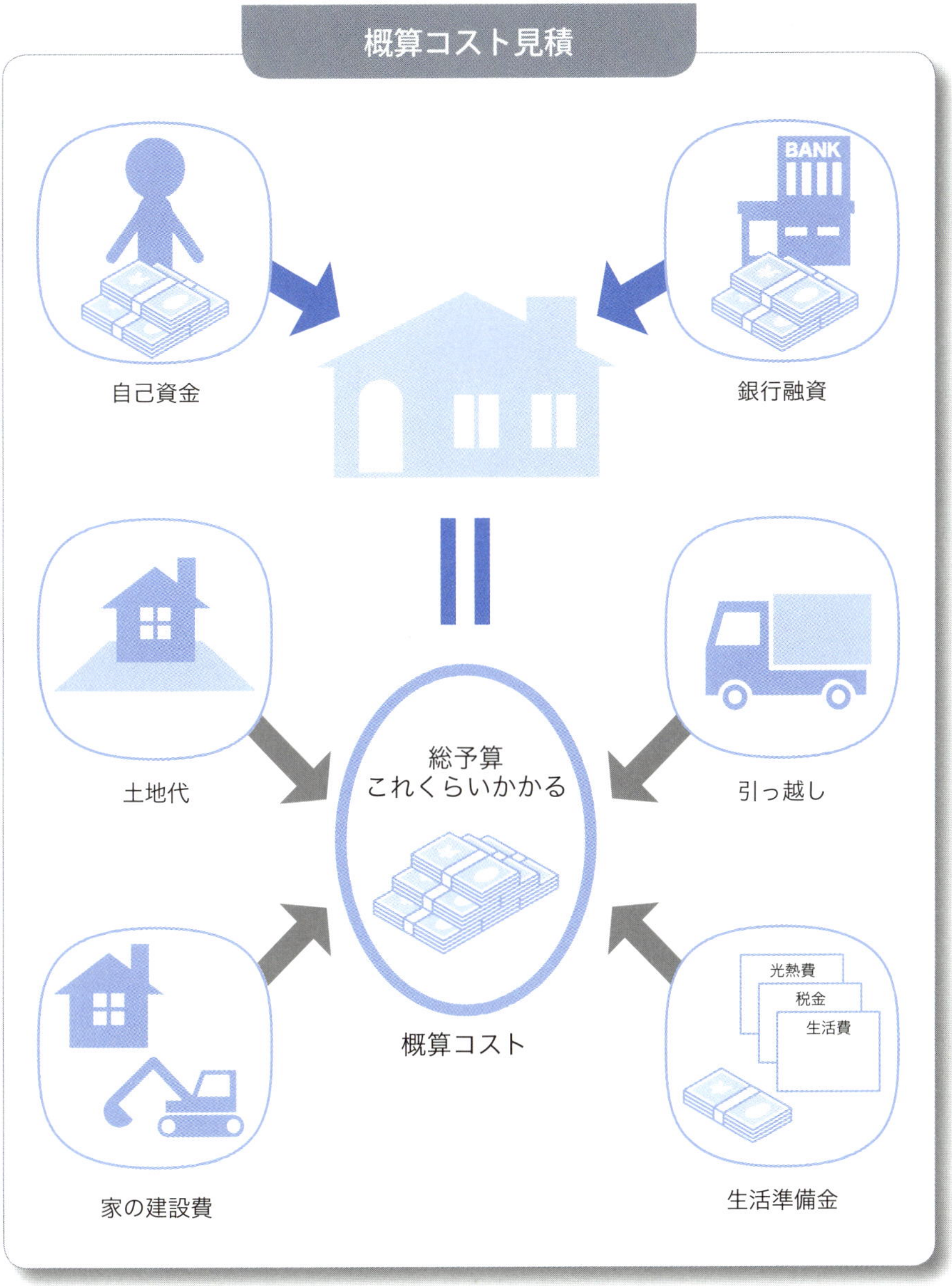
概算コスト見積
BANK
自己資金
銀行融資
土地代
引っ越し
総予算
これくらいかかる
光熱費
税金
生活費
家の建設費
概算コスト
生活準備金

11

プロジェクトの成果物の確認

『慎之介と紀子はショールームの見学や住宅雑誌などから、家のイメージや購入品などを列挙しましたが、検討項目が多くて整理がつきません。「どこまでできるか範囲を考えてみたら」と山田からのアドバイスを思い出しました』

プロジェクトの目標到達には具体的に何を行うのか、全体を見えるようにして進める必要があります。

プロジェクトに与えられた時間と資源のなかで「目標」を完了するためには、どこからどこまでを範囲とするか決める必要があります。

プロジェクトの目的から家族の要求と希望は、各部屋の広さと向きは、リビングは、キッチンは、などなど多くの要望が出てきます。しかし、期限や資源、予算などの制約があり、すべての要求は実現できません。そこで、絞り込む作業が必要となります。

このように「やりたいこと（要求）」から「やれること（要件）」を絞り込み、プロジェクトのスコープ（『成果物（供給範囲）』と『作業（役務範囲）』）を決めていきます。

家づくりにおける実行範囲を例にとると、家族の要求は各部屋の大きさ、部屋の用途、設置する器具と用途などさまざまで、数え上げたらきりがありません。リストアップされた成果物（要求された成果物）の全体量を考慮して、完成時期や資源（土地の広さなど）、予算といった制約から個々の要求事項の採否と代案とグレードの調整をして決めていきます。

こうして検討してでき上がった「最終成果物（供給物）一覧」を確定させます。次に、成果物を完成させるのに必要な「役務（作業）」を見積もります。これによりプロジェクトの実行範囲（スコープ）が明らかになります。

スコープを明確にする
広いリビングで
のんびりしたい
個室は 10 畳は
ほしいな
広い庭を
花でいっぱいに
したい！
ピアノはめいっぱい
弾きたいな
5～6 人で
料理教室を
やりたい！
バリアフリーで
母親も安心！
縁側で
日向ぼっこを
したいな！
どこまで
整理できるかな？
実行計画書

12 マスタースケジュールの作成

『プロジェクトの全体スケジュールを検討するうえで、押さえておくべき項目を検討しました。信之の高校受験は来年の春です。転校はさせたくないこともあって、年末には引っ越す必要があり、あまり時間が残っていません』

プロジェクトを実施するうえで開始から完了までの全体像を示した総合スケジュールをマスタースケジュールと呼びます。プロジェクトの実行や管理の基本となるもので、プロジェクトの進行によりつくられる詳細スケジュールを作成するうえでの基本となるものです。また、マスタースケジュールはプロジェクトの「完了日（クローズアウト）を定義」する最初の書類であり、実行していくマイルストーンが明確に記載されている必要があります。

マイルストーンとは、プロジェクトの実行スケジュール上、押さえておく必要のある主要イベントのことです。マイルストーンはプロジェクトの実行段階において、課題から生まれる制約や契約条件、計画上の意図などで決定されます。

マスタースケジュールにおいて、守らなければならない主要イベントの時期が明確になり、関係者がスケジュールを把握することができるようになります。

マスタースケジュールは以下の手順で作成されます。

①プロジェクトを実行するうえでの要求事項の整理（契約条件など）
②WBSによる作業項目と、完了日などのマイルストーンのリストアップ
③作業項目の順序と関連事項の整理、統合、調整
④内容の承認、正式な発行

慎之介は今春の着工、年末完成を基本としたマスタースケジュールを描いてみました。

マスタースケジュールとマイルストーン

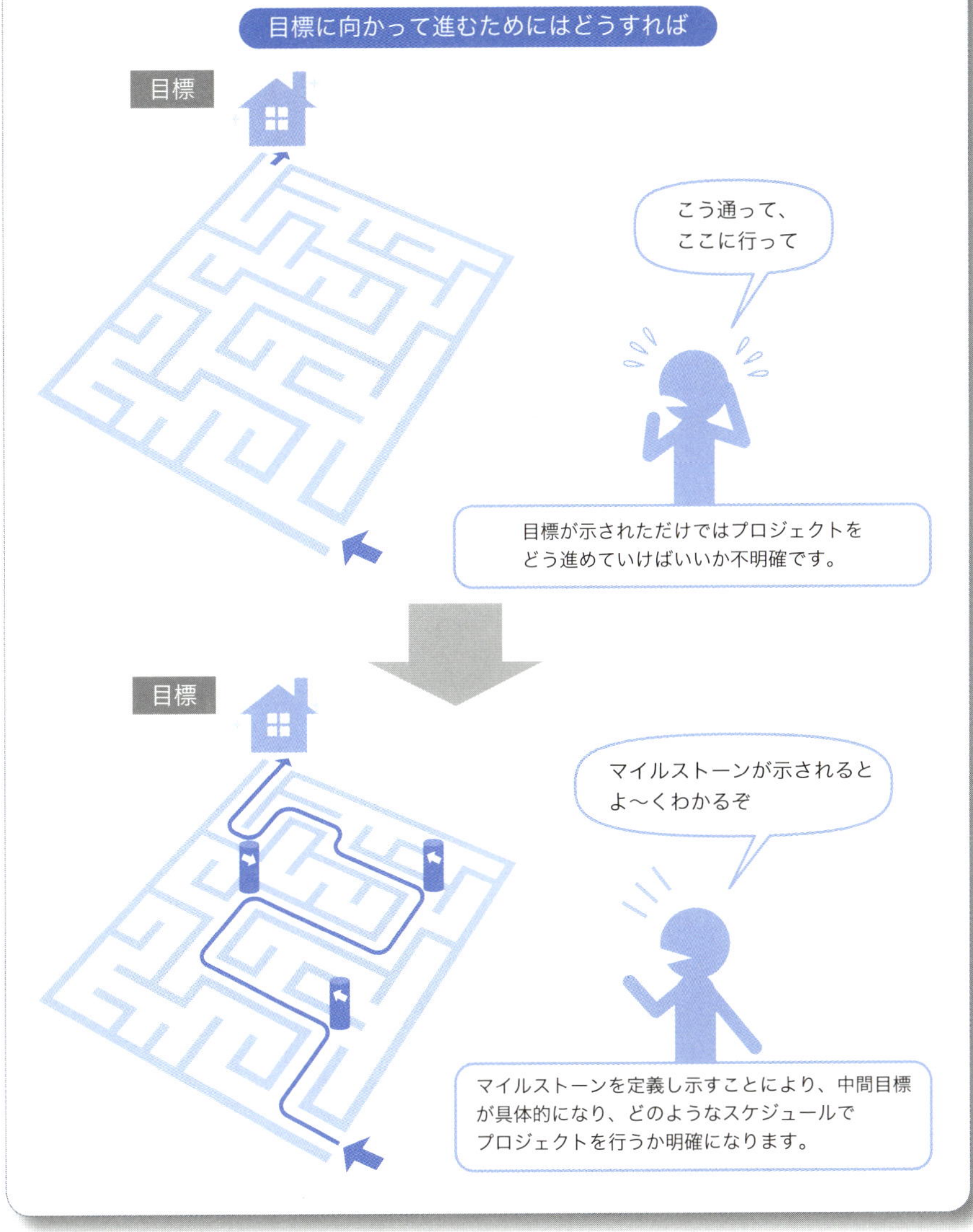

13

調達仕様（要件定義）の決定

『プロジェクトの成果物（新築の家）のイメージもまとまってきました。次は、成果物の建築を依頼する先（工務店）を選定することになります。「佐藤邸新築プロジェクト」もさまざまな課題を乗り越え、工務店に見積もりを依頼する段階に入りました』

プロジェクトで成果物をつくる場合、自社で作成できる場合以外は外部の業者に依頼することになります。すでにでき上がっている製品を購入する場合は別にして、購入者の要求に合わせてつくってもらう場合は、購入者側（発注者／施主）がどんなものをつくってほしいかを、依頼する業者（受注者）へ示しておく必要があります。購入者側（発注者／施主）の要求、要件をまとめることを「仕様決定」といいます。仕様決定は基本計画に基づいて作成されます。

この仕様をまとめたうえで、見積もりを出してもらうために提示する書類を「見積依頼書」またはＲＦＰ（Request for Proposal）といいます。

複数の提案を比較検討して決定する場合は「依頼する仕事の内容（役務範囲）」「受け取る成果物（供給範囲）」「納期」「支払方法」などの条件を明示したうえで、業者（工務店）に見積もりの提出を依頼します。プロジェクトを成功させるためには、ＲＦＰを正確に書くことが重要です。

複数の業者から見積もりをとる場合、その評価基準をあらかじめ定めておくことが重要です。要求を満たしてくれるよりよいパートナーを選ぶためにも、ＲＦＰは必要な項目を漏れなく記載し、評価基準を明確にして整備しておくことが重要です。

慎之介は山田のアドバイスに従って「佐藤邸新築プロジェクト」のＲＦＰをまとめました。

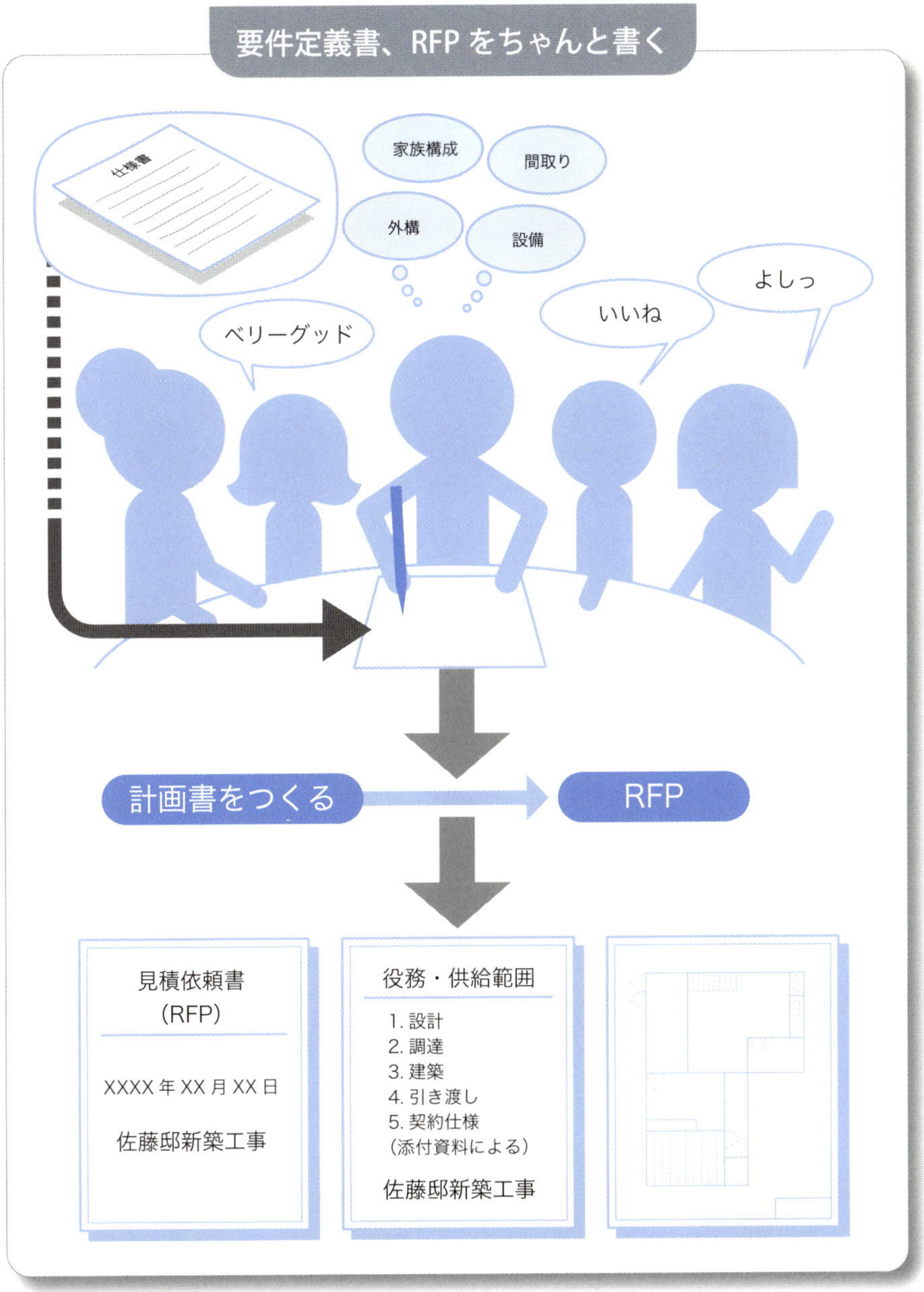
要件定義書、RFP をちゃんと書く
仕様書
家族構成
間取り
外構
設備
よしっ
いいね
ベリーグッド
計画書をつくる
RFP
見積依頼書
(RFP)
XXXX 年 XX 月 XX 日
佐藤邸新築工事
役務・供給範囲
1. 設計
2. 調達
3. 建築
4. 引き渡し
5. 契約仕様
(添付資料による)
佐藤邸新築工事

14

工務店の決定——引合先の選定

『設計や施工を、どのように依頼するかが問題になってきました。見積もりを依頼する設計事務所や工務店、ハウスメーカーを、どのようにして選定するかです。慎之介は建築家をしている弟の龍太に相談しました』

これはプロジェクトマネジメントの「引合先選定のプロセス」になります。

見積もり依頼先を決めることは発注先の候補を絞り込むことですから、慎重に行う必要があります。

龍太の話では、主要な仕様をまとめて見積依頼書を作成し、評価をして数社に絞り込み、そこに正式に引き合いを行う方法や、事前資格審査といって質問状を送り、回答（施工実績、品質管理要領、予想建設期間、コストなど）を提出してもらって評価する方法があるとのことでした。

引合先を選定する場合は、まず、質問状を作成して何社かに送り、要求した項目に対する回答を整理、比較、評価して、最終的に見積もりを依頼する数社を絞り込むことが一般的で確実です。

大規模なプロジェクトでは、競争入札の前に発注者から質問状への回答提出依頼があり、1次選考の後に発注者が候補企業を訪問して担当者へのインタビューなどが行われることがあります。その後に選ばれた数社に見積依頼書（ＲＦＰ）が渡されます。

佐藤家の事例では、①工務店にまとめて発注するのか、②建築家に設計を依頼して設計と建設工事を分離して発注するか、③それともハウスメーカーに依頼するかの選択です。概算見積依頼を作成して何社かに送り、絞り込みを行うことが得策のようです。

結局、佐藤家では工務店に一括（詳細設計、建築施工）して依頼することにしました。

引合先の絞り込み

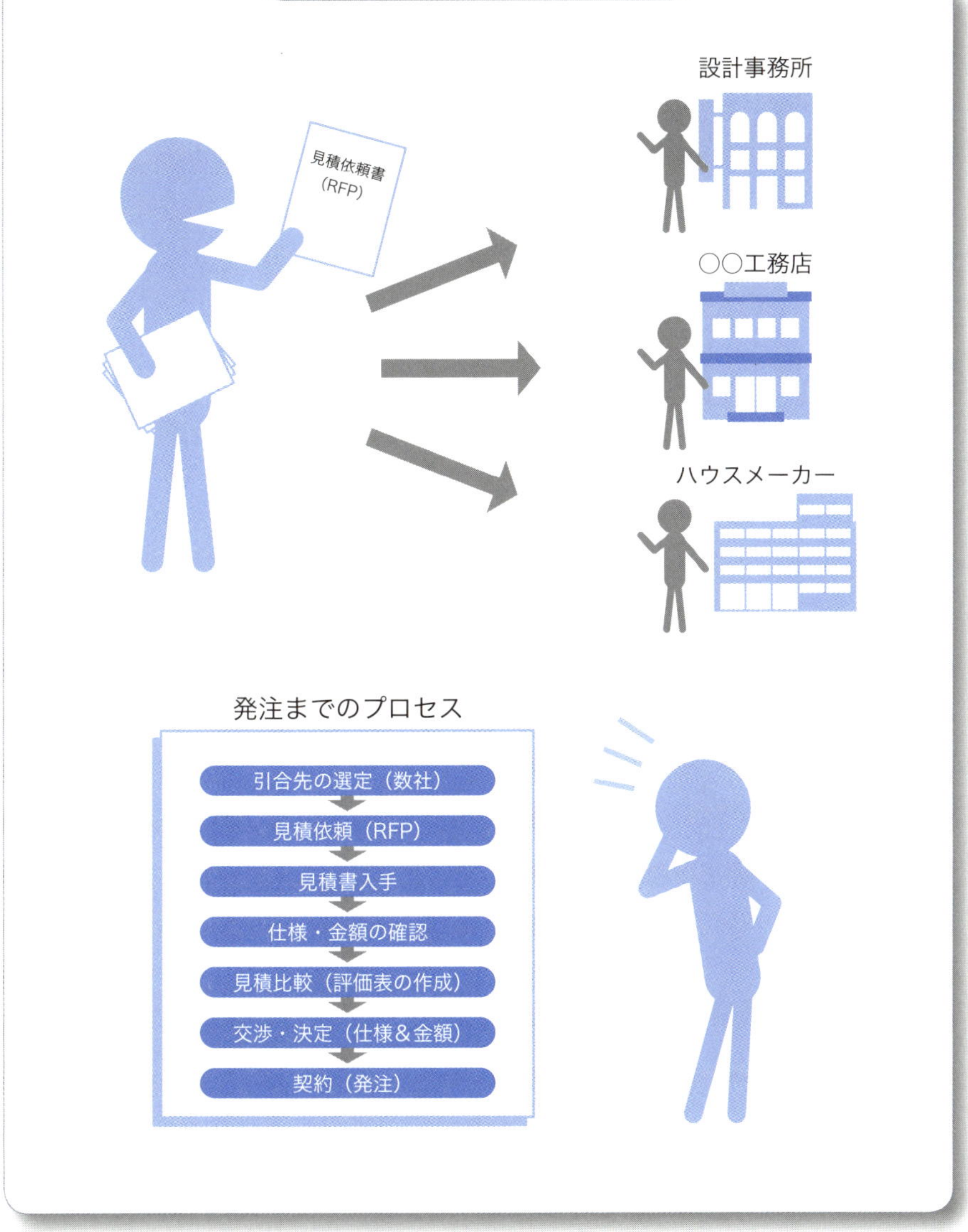

用語解説

競争入札

事業内容と契約事項を公示して、複数の事業者のなかから最も有利な条件を出したところに発注する方式。

15

プロジェクトの総合的マネジメント

『「詳細の詰めは残っているが、実施のマネジメントを考える時期だ」と慎之介は考えました。計画を立てるのは夢があるし、それほどプレッシャーは感じなかったが、これからが本当の勝負だとプレッシャーを感じ始めています。「工務店を決定」「工務店の進捗をマネジメント」「マスタースケジュール通りに終わらせる」ようにコントロールしていくかが中心になるなと思う慎之介でした』

世のなかの失敗したプロジェクトを見ると、計画がずさんか、計画はできても着実に実行する推進力とマネジメント力に欠けていたかのいずれかです。

前者に多いのがプロジェクトマネジャーとしての過信、あるいは経験不足です。後者では困難を解決した経験の不足やコミットメント（不退転の決意）の不足、性格的な弱さなどであるとされています。

実施（建設）段階のプロジェクトマネジメントにおいて、慎之介は施主（発注者）として総合的なマネジメントが必要です。工務店が指名したプロジェクトマネジャーと協同し、遂行していく必要があります。

プロジェクトマネジャーの心得

・プロジェクトマネジャーは、すべてのことを1人で管理するのではなく、重点管理を基本とします。経験則「20：80ルール」の応用や例外管理です。

・権限委譲も重要です。工務店のプロジェクトマネジャーに権限委譲を行い、委譲した範囲の進捗、成果を報告させるという間接マネジメントを行って共同歩調をとる必要があります。

・PDCAを基本におき、繰り返してまわします。

・問題が起きた場合、施主として工務店のプロジェクトマネジャーと協同し、早期の解決へ向かうように手を打つことも大事です。

用語解説

20：80 ルール

成果や結果の 8 割は、その要素や要因の 2 割に基づくという一般法則。19 世紀イタリアの経営学者パレートが唱えた法則「パレートの法則」とも言う。

第3章

家づくりプロジェクト
—実行のプロジェクトマネジメント—

家づくりプロジェクトは実行（建設）段階に入りました。

施工会社（前田工務店）が決まり、実行のプロジェクトマネジャーとして藤島が指名されました。

藤島は請け負った佐藤家の建築手順をプロジェクトマネジメントで考えています。

まずは、佐藤家の構想と企画書を読み、要望をチェックし始めました。

16 プロジェクトマネジャー

『藤島は佐藤家の構想、企画書を読み、新築への思いを理解し、佐藤家の夢を実現することについて思いを強めました。ただ、経験から提供された土地の広さと家の構想に矛盾があり、トレードオフの関係が多くあることに気づきました。どのようにするか考え込む藤島でした』

プロジェクト実行における意思決定は、多数決や合議制では行いません。責任者であるプロジェクトマネジャーが最終決定をします。プロジェクトには明確な目標があり、意思決定の方向性が明確です。さらに、資源（ヒト、モノ、カネ、時間）の制約があり、最善の方策をタイムリーに決めていく必要があります。

プロジェクトマネジャーにはプロジェクトを実行するための組織をつくる権限、意思決定に必要な指揮命令権、予算の執行権などと同時にプロジェクトを完遂し、完成させる責任が与えられます。

プロジェクトマネジャーが権限と責任を持つことによって、その舵取りが容易になり、プロジェクトを成功に導くことができます。プロジェクトマネジャーが、よくオーケストラの指揮者や船の船長にたとえられる理由がここにあります。

したがって、プロジェクトマネジャーは経験やプロジェクトマネジメントの知識に加え、洞察力、コミュニケーション力や交渉力、リーダーシップなど、多面的な知識や能力が必要となります。これらの知識や能力は単に経験や勘に頼るだけでなく、トレーニングや継続的学習により身につけることができます。

藤島は、まず、与えられた条件のなかで詳細設計図をつくり、トレードオフの問題を整理し、代案を準備してから佐藤家の理解を得ようと決めました。

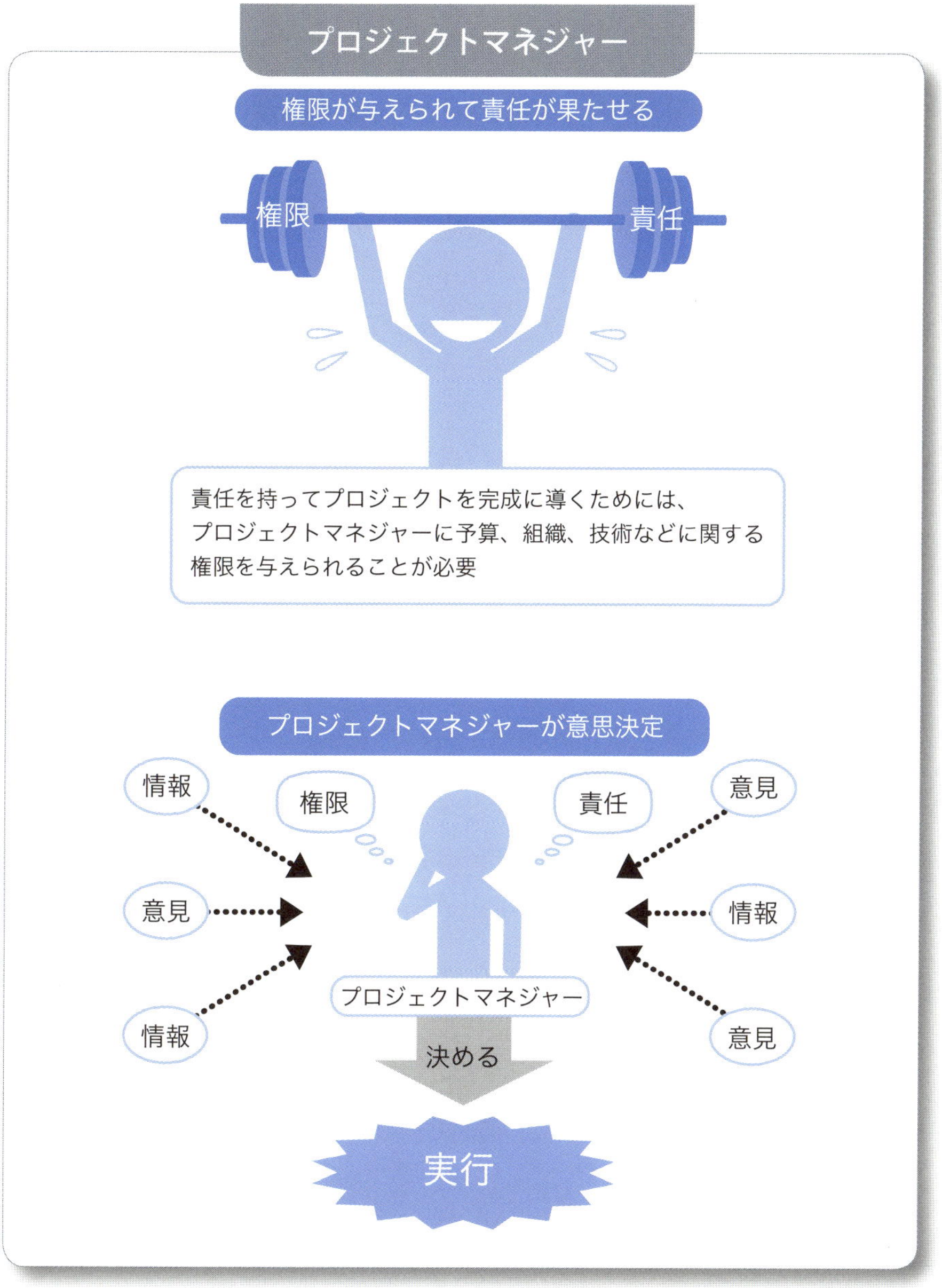
プロジェクトマネジャー
権限が与えられて責任が果たせる
権限
責任
責任を持ってプロジェクトを完成に導くためには、
プロジェクトマネジャーに予算、組織、技術などに関する
権限を与えられることが必要
プロジェクトマネジャーが意思決定
情報
権限
責任
意見
意見
情報
情報
意見
プロジェクトマネジャー
決める
実行

17 目的・目標の確認

『まずは、目的・目標の確認です。藤島は佐藤家の構想・企画書をベースに、目的は何か、目標は何かを具体的に書き出しました。

なぜ、新築するのか、いつまでにほしいのか（ゴール）、ステークホルダーなどなどです。書き出した内容をもとに、佐藤家を訪れて意図を確認しました』

プロジェクト実行において、最初にすることは施主（発注者）の意図の確認です。構想・企画書には出てこない事項が多くあることを藤島は経験から感じています。

詳細設計に入る前に構想・企画書、経験などから施主の意図を推測し、明文化して、施主に確認することが必要です。

この作業を怠ると、詳細設計や実行の途中での変更を余儀なくされ、納期の遅延や施主の意図とは違った結果になる恐れがあります。一生に一度の新築が課題を抱えたものになり、施主の満足を得られない結果となってしまいます。大事なことは、いかに施主の満足を得るかです。

しかし、工務店としても収益を出すという目的も達成しなければなりません。この条件（顧客を満足させ、工務店も潤う）を、どのように成立させるかです。

ここで、プロジェクトマネジャーの実力が試されます。その第一歩が施主の目的・目標の確認です。

藤島は、佐藤家から与えられた条件のなかで詳細設計図をつくり、可能な限りイラスト化し、理解を得ようと決めました。

佐藤家との打ち合わせ、確認したなかで「長男の受験があり、年末の完成は絶対に守らなければならないこと」「妻の紀子の料理教室の希望」「将来の介護の課題」があることを理解した藤島でした。

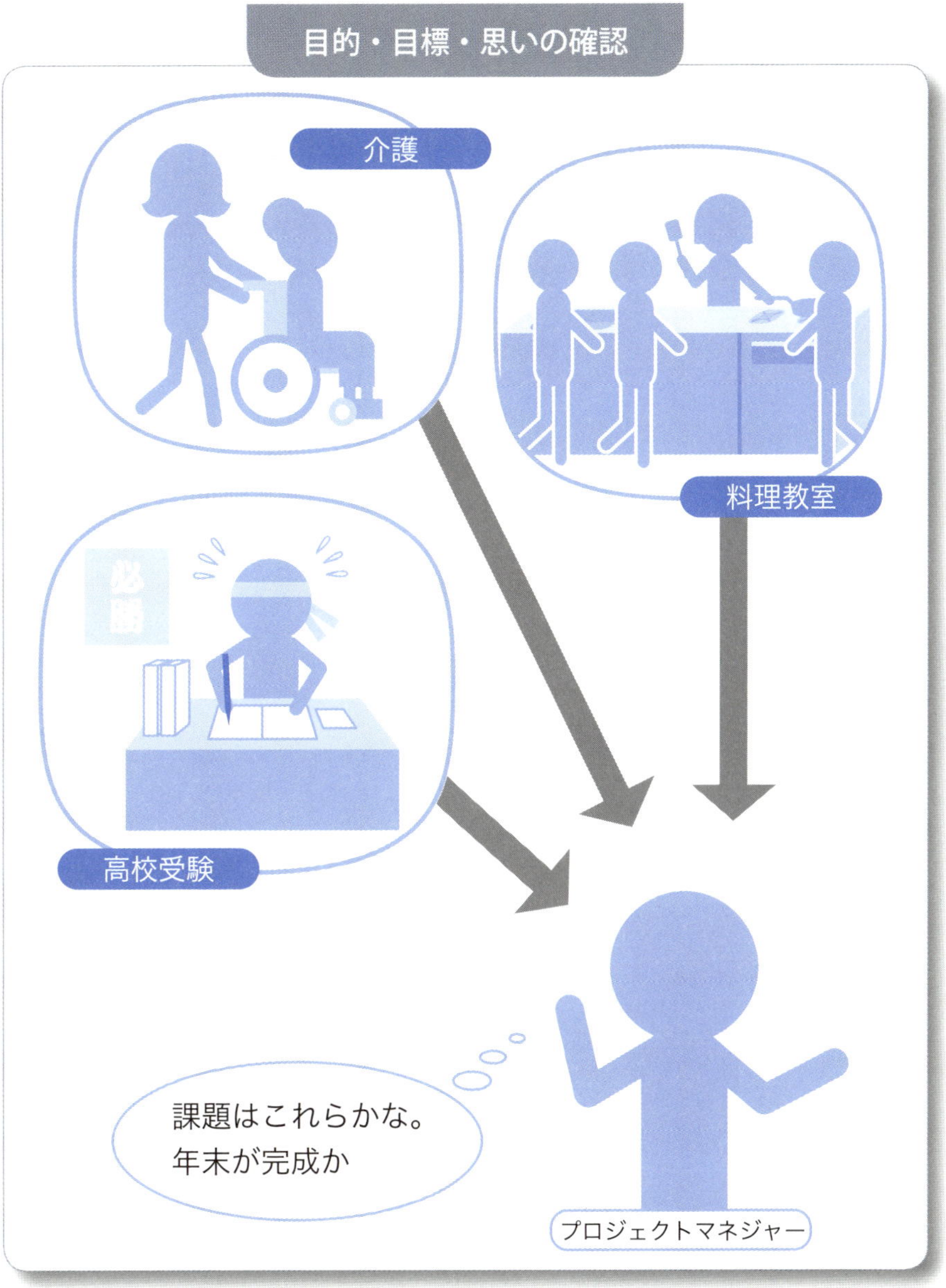
目的・目標・思いの確認
介護
料理教室
必勝
高校受験
課題はこれらかな。
年末が完成か
プロジェクトマネジャー

18 デザインレビュー（設計審査）

『デザインレビューの日です。藤島は事前打ち合わせで確認した内容を反映した図面、イラスト、家の模型などを準備しました。弟の龍太氏（建築家）も参加ということで、だいぶ緊張しています。特に、希望に応じられない部分の資料を念入りに準備しました。誰が納得したら、この説明は成功なのでしょうか。強い要望が出た場合、どこを変更したらいいかを考え、トレードオフの関係を整理しました』

このような設計図のチェックのことをデザインレビューといいます。顧客の要求が確実に設計図に反映されているか、要求が叶えられないのはどこか、その代案などを準備することが大切です。施主の希望が優先ですが、機能面、コスト面、安全および環境面などの観点からの検討も必要です。最終成果物を得る大切なステップです。おろそかにすると、やり直しによる納期遅れなど、さまざまな問題が発生します。

レビューは、通常、対象となる中間成果物ごとに行います。完成時のみだけではなく、作業の途中でも行い、品質を向上させることが重要です。

レビューの実施については、事前に資料を参加者へ配り、レビュー当日までに内容について検討してもらうようにします。また、指摘された問題点は解決されるまで徹底的なフォローが必要です。

プロジェクトに直接関係のない専門家（例えば、弟の龍太）が参画する第三者レビューは、客観的な評価ができるという効果もあります。レビューは半日ほどで終わり、施主の納得を得られました。苦労したのは土地の大きさと佐藤家の要望の違いでした。イラストと模型を駆使し、納得を得ることができました。このレビューの影のリーダーは弟の龍太でした。早々に修正図面を提案し、最終の決定となりました。

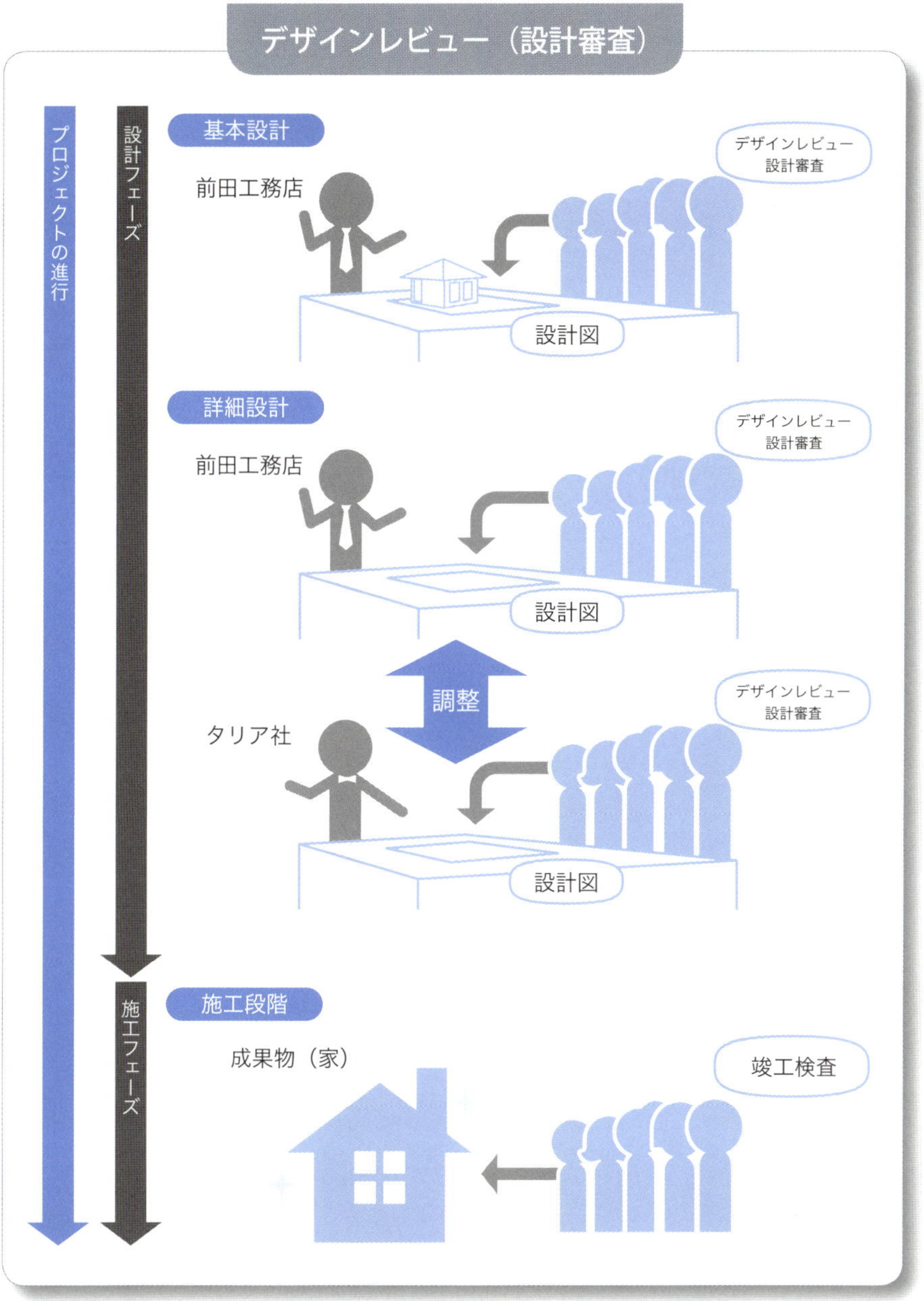
デザインレビュー（設計審査）
プロジェクトの進行
設計フェーズ
基本設計
前田工務店
デザインレビュー
設計審査
設計図
詳細設計
前田工務店
デザインレビュー
設計審査
設計図
調整
タリア社
デザインレビュー
設計審査
設計図
施工フェーズ
施工段階
成果物（家）
竣工検査

19 プロジェクトチーム

『藤島は佐藤邸新築のプロジェクトチームを組織化します。ＷＢＳに従い、「基礎工事」「建方（骨組み）工事」「外壁工事」「内装工事」「設備工事」「外構工事」「プロジェクトマネジメント」の７つのチームをつくり、今までの実績と得意分野をベースに各チーム（工事会社）を選び、チームリーダーを選任しました』

プロジェクトは目標を遂行するために携わる関係者も多く、調整業務などが増えます。そのためには実施組織や役割分担について、ＷＢＳを用いて明確に定義する必要があります。まず、役割分担を定めた責任分担表（ＲＡＭ）をつくります。

プロジェクトは複数の人で行われるため、チームとしての協力がなければスムーズな進捗や完成は難しくなりますので、チームビルディングが大切です。

チームビルディングにおいて注意することは、

①メンバーがプロジェクトの目標、方針の理解

②メンバー間での密なコミュニケーション

が大事です。

お互いが理解することで、プロジェクトを円滑に遂行できるようになります。プロジェクトは人が進めていくものであることを忘れてはなりません。

プロジェクトチームメンバーだけでなく、プロジェクトに関わる外部組織や関係者（ステークホルダー）も同じことがいえます。組織間のインターフェースを密にするためにミーティング（会議や現場打ち合わせなど）を実施し、情報を組織（チーム）間でタイムリーに交換します。人的なインターフェースを重視する運営が大事です。

藤島はチームごとの役割を決め、責任分担表をつくりました。その後、各チームの代表を施主の慎之介と妻の紀子に紹介し、承諾を得ました。

プロジェクトは組織で行う

チームで目標を目指す

役割と責任

担当	役割						
	全体マネジメント	基礎工事	建方工事	外壁工事	内装工事	設備工事	外構工事
A 工事会社		○	△				
B 工事会社		△	○	△			
C 工事会社			△	○	△		
D 工事会社				△	○	△	
E 工事会社					△	○	
F 工事会社							○
PM チーム	○	△	△	△	△	△	△

PM : プロジェクトマネジメント　　○ : 主責任　　△ : サポート・意見

用語解説

RAM (Responsibility Assigment Matrix)

責任分担表：各自がそれぞれの作業でどのような責任と権限を持つかを明示する。

20 スコープの設定

『藤島は佐藤邸新築で、具体的に何をつくり、そのためには何をしなければならないか、プロジェクトマネジメントの手続きに従って洗い出すことにしました』

限られた時間と資源（リソース）のなかでプロジェクトの「目標」を実現するためには、どこまでをプロジェクトの実行範囲（スコープ）にするか、発注者と受注者の間で合意しておく必要があります。

プロジェクトメンバーにとって、目標や得るべき成果物が具体化され、何を行うべきかが明確になり、参画意識が高まります。強い参画意識はプロジェクトの成功に欠かせない大事な条件の一つです。プロジェクトマネジメントではプロジェクトの目標達成までに実行、実現すべき事項を、スコープ設定を通じて絞り込み、具体化します。

スコープとはプロジェクトの目標到達のためには何をつくり、何をどの範囲まで行えばいいのかを定義するもので、今後、プロジェクトを遂行するにあたって骨格のような重要な役割を担います。次の2つに大別されます。

●プロダクトスコープ

プロジェクトで完成するものを列挙して成果物を示します。マイホームの場合では道路、土地、家、庭、図面、権利書などの具体的な「物」になります。

●プロジェクトスコープ

プロジェクトの成果物を得るために何をするかという作業範囲を示します。打ち合わせ、材料の運搬、許認可書類の作成など「役務（作業）」になります。

スコープ設定により、プロジェクトの関係者全員にとって何をどこまでやらなくては目標に到達できないかが明確になります。

スコープ計画
プロジェクト発生時の目標
家がほしい
プロジェクトスコープ
プロダクトスコープ
目標の明確化
こういう家がほしい
材料運搬
許認可
打ち合わせ
設計
道路
庭
家
土地

21 WBSの詳細化とワークパッケージ

『プロジェクトは設計のフェーズに入りました。藤島は会社の設計室に行って、佐藤家の設計の進捗を確認しました。順調に進んでいるようです。これからのプロジェクトのコントロールについて、詳細化したWBS上で明確に決めておく必要があると考えています』

プロジェクトの遂行段階に入りました。これまでの構想、企画段階と異なり、作業項目を明確にして管理する必要があり、WBSを詳細化し、作業項目ごとの管理が重要なポイントになります。

WBSはプロジェクトマネジメントの基本概念の一つで、プロジェクト全体の役務、供給範囲を表し、階層構造になっています。

WBSの詳細化は以下のポイントで行います。

①プロジェクト全体の業務を体系的かつ網羅的に表記する

②管理の最小単位（WP）までに分解

③管理単位ごとに管理責任者を置く

④コスト、スケジュールの計画と管理の基礎

WBSは成果物単位に分解し、管理するうえでの最小単位まで分解します。

この最小単位をWP（ワークパッケージ）と呼び、責任者を置き、成果物を得るため資源（ヒト、モノ、カネ、時間）を割りあて、管理の基本単位とします。

また、WPの成果物を得るために必要な作業をアクティビティ（またはタスク）と呼びます。詳細なスケジュールは、このアクティビティ単位につくります。

このようにしてつくられたWBSは、プロジェクト全体の業務を網羅的に表し、プロジェクト全体の情報共有（進捗管理やコスト管理などの情報）の基礎資料として、プロジェクト全期間を通して活用します。

プロジェクト全体の WBS

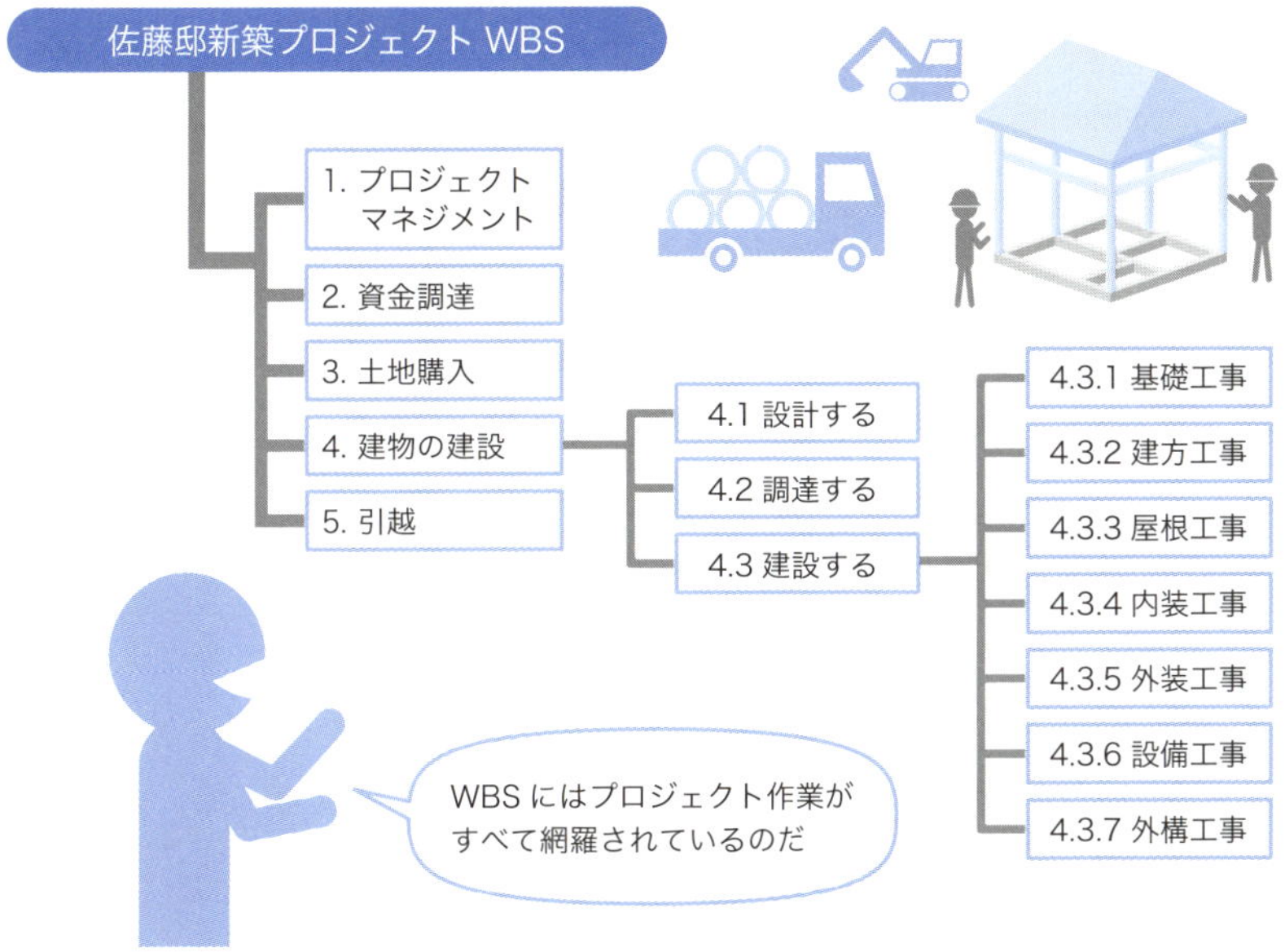

バスルーム（浴室）の WP

作業時間

	資材	作業	1	2	3	4	5	6	7	8	9	10	11	
天井	天井材	天井を取り付ける	■											1
	換気扇	換気扇を取り付ける		■										0.5
	照明器具	照明器具を取り付ける		■										0.5
壁	壁材	壁材を取り付ける			■	■								2
	ドア	ドアを取り付ける					■							0.5
	窓	窓を取り付ける					■	■						1
	鏡	鏡を取り付ける						■						0.5
	手すり	手すりを取り付ける							■					0.5
	給湯器コントローラー	給湯器コントローラーを取り付ける							■					0.5
床	床材	床材を取り付ける								■				1
	バスタブ	バスタブを取り付け固定する									■			1
		給湯器に繋ぐ										■		0.5
水回り	シャワー	シャワーを取り付ける										■		0.5
	水栓	バス用水栓を取り付ける											■	0.5

合計　10.5　時間

用語解説

WP（Work Package: ワークパッケージ）
WBS の最小管理単位であり、資源（ヒト、モノ、カネ、時間）を割りあてる。

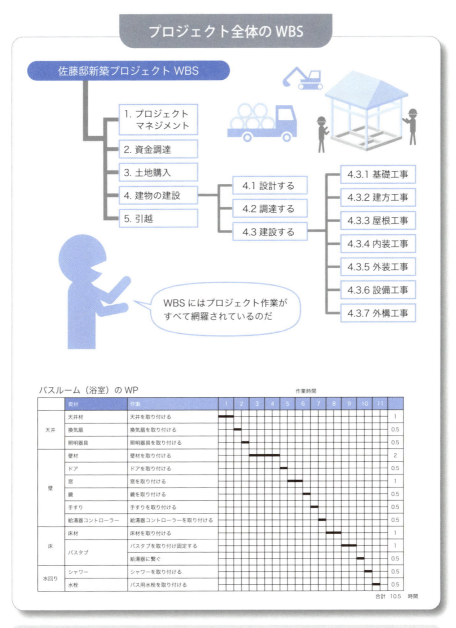

22

スケジュールを明確にする

『スケジュール（工程表）の作成です。藤島は佐藤家から提供されたマスタースケジュールを参考にして、詳細スケジュールを組み立てました』

プロジェクトマネジメントにおいて、スケジュールの管理は大きな柱となります。スコープや仕様条件が決まると、次はスケジュールの作成です。マスタースケジュールに基づき、WBSのWPを単位として「詳細スケジュール」が作成されます。

スケジュールの種類には「バーチャート（ガントチャート）」と「ネットワーク図」などがあります。

「バーチャート（ガントチャート）」は、縦軸に作業を、横軸に時間をとり、作業の期間を棒状に表した図表です。最も広く使われています。

「ネットワーク図」は各作業に相互関係を付加したもので、作業Aが終わらないと作業Bが開始できないというような作業間の関係をもとにスケジュールを作成します。「ネットワーク図」には、ADMとPDMがあります。ADMは個々の作業を矢線（アロー）で表した図で、PDMは作業をノード（箱）で示し、矢線で作業の相互関係を示す図です。

スケジュールはプロジェクトマネジメント支援ソフトを利用すると便利です。単純に線を引くこと、削除、修正も容易、作業間の依存関係（前後関係など）を定義し、コストや資源を情報として加味することもできます。ある作業が遅れると、あとの作業や完成時期がどうなるかなど、スケジュールのシミュレーションで威力を発揮します。

藤島はガントチャートを用いて、佐藤邸新築プロジェクトのスケジュールを作成しましたが、余裕のない工程になってしまいました。梅雨の影響も考慮し、遅れを出さないように工程を進める必要があります。

スケジュール（工程表）の種類

バーチャート（ガントチャート）

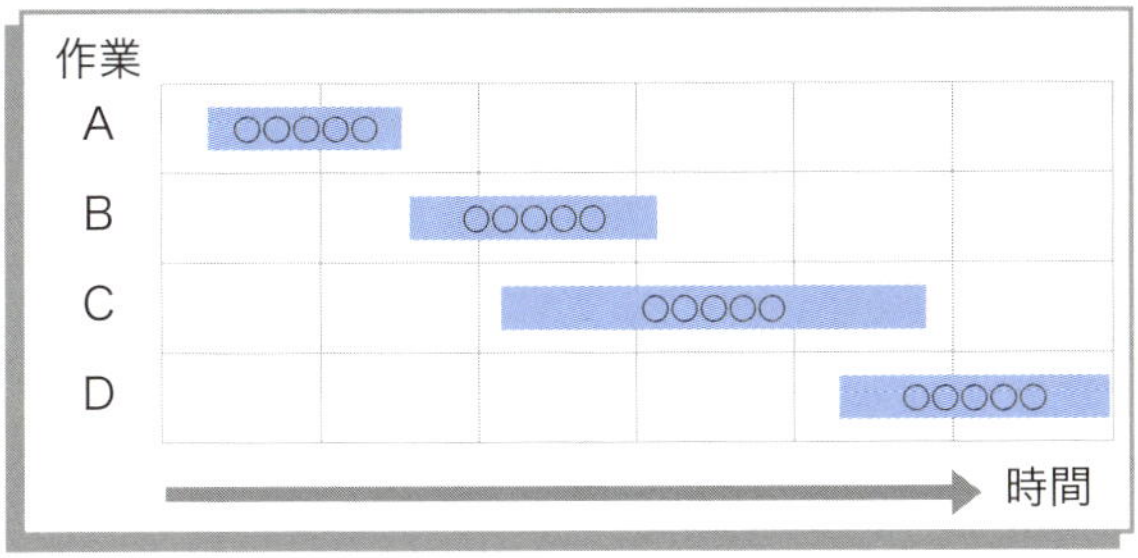

ネットワーク図

ADM（Arrow　Diagramming　Method）

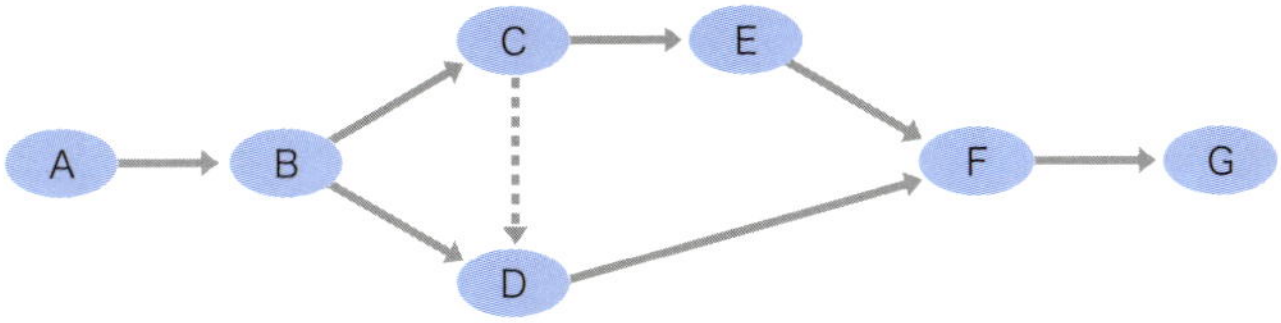

ノードと呼ばれる点、2 つの間の矢印そのものがタスクを示す。それぞれのノードには記号や番号をつけて、例えばタスク B–C と呼ぶ。ADM にはダミーアローと呼ばれ、順序の制約を表現するだけの矢印がある。

PDM（Precedence　Diagramming　Method）

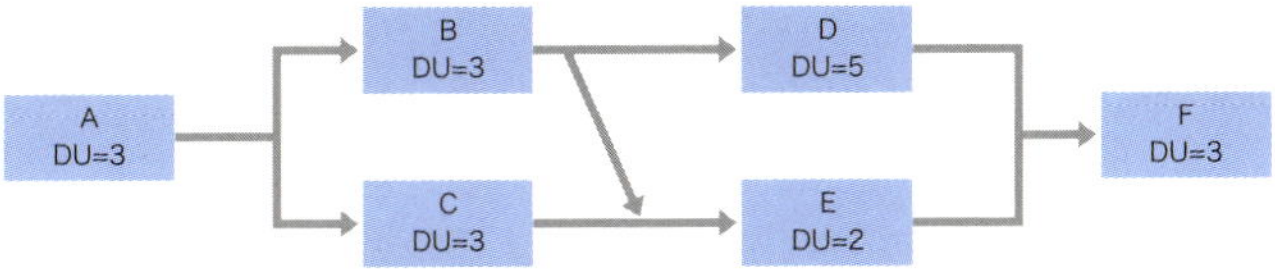

箱がタスクを表す。それぞれに記号や番号がついており、タスク B などと呼び、矢印はこのタスク間の順序を表す。

23 ステークホルダーを確認し、対応策を練る

『「ステークホルダーあってのプロジェクトであり、プロジェクトマネジメントである」と藤島は言います。ステークホルダーって何だろうと質問した慎之介に、藤島が解説してくれました。藤島にとっての最大のステークホルダーは施主の佐藤家であり、工事に関わる工事会社、それ以外にも多くのステークホルダーが存在します』

プロジェクトのステークホルダーとは「プロジェクトから影響を受ける人」のことで、一般的に「利害関係者」とも呼びます。ステークホルダーには、例として以下のような個人、組織が含まれます。

企業内部：経営者、従業員と労働組合など
経済的関係：顧客、外注先、提携先、金融機関
非経済的関係：地域住民、自治体、ＮＰＯ、マスコミ

プロジェクトには多くのステークホルダーが関係することを考慮せずにはプロジェクトは実行できません。ステークホルダーとプロジェクトには利害が相反することも多々あります。それぞれの利害やニーズを調整し、円滑にプロジェクトを遂行していくのがプロジェクトマネジャーの重要な役割です。

そのために必要なことは、実行しようとするプロジェクトにはどのようなステークホルダーが存在するかを整理し、把握することです。そして、それぞれのステークホルダーがどのようなニーズを持っているか、プロジェクトの実施や完成によりどのような影響を受けるかといった基本情報を理解することです。

この情報に基づいて利害の調整や適切な情報提供などをプロジェクト遂行期間を通じて常に行っていく必要があります。

プロジェクト成功にはステークホルダーがプロジェクトの目的、目標を理解共有することが大事です。

佐藤邸新築プロジェクトを取り巻くステークホルダー

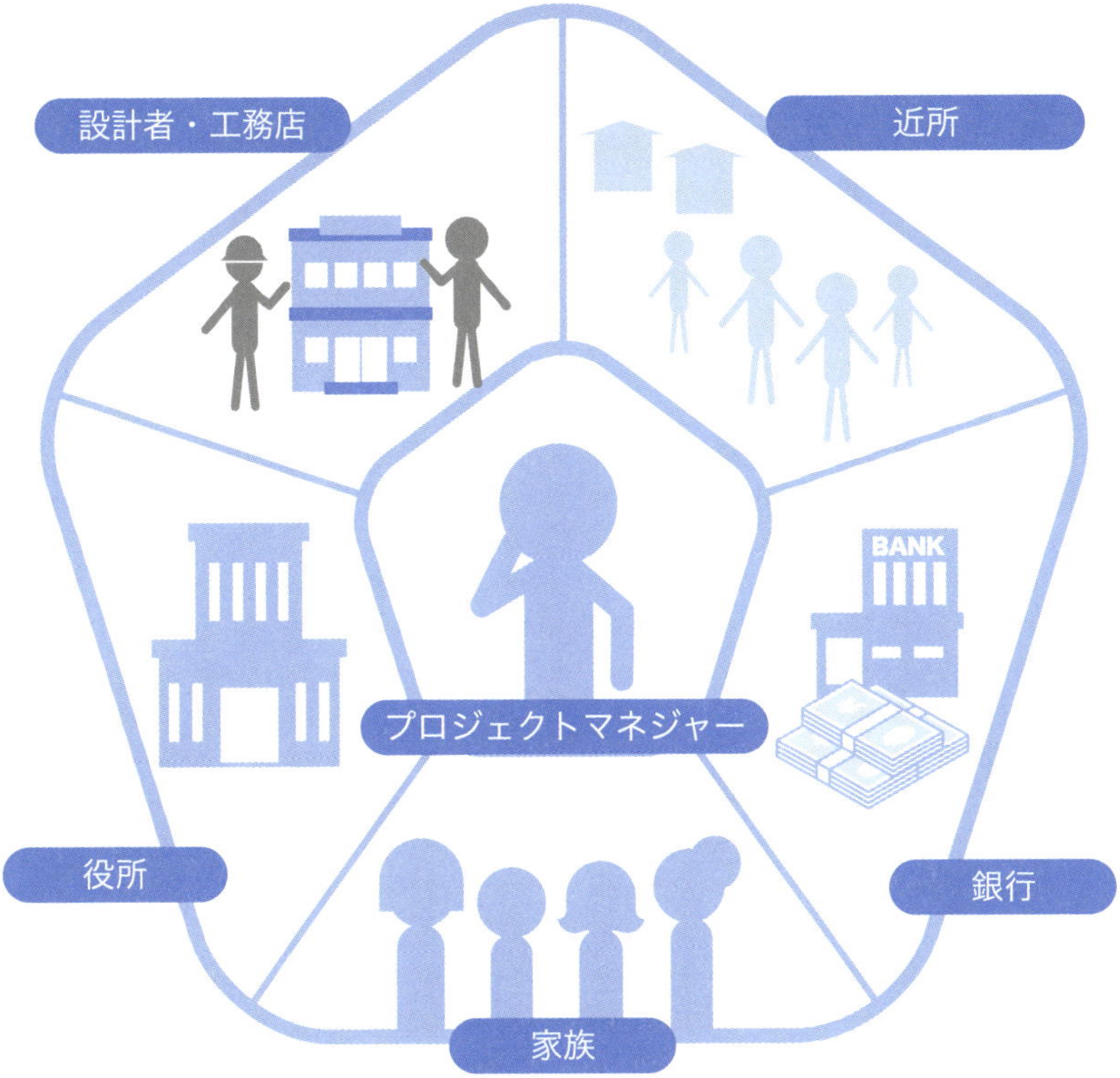

ステークホルダーあってのプロジェクト

プロジェクトマネジメントでは
どんなステークホルダーが存在するか、
そして、どんなニーズを持っているかを
把握することが大切です。

24

リスクを検討し、対応策を決める

『藤島は着工に向けて準備事項を検討しました。竣工の時期は年末と決まっています。長男の高校受験を考えると、工事の遅れは絶対に許されません。重要な基礎工事が梅雨の時期に重なりそうです。長雨による工事の中断や納期遅れが発生した場合の対策を考えなければなりません』

プロジェクトには不確実性があり、リスクのマネジメントが不可欠になります。

このプロジェクトの土地の選択で、佐藤家は転勤、地盤、家の向き、土地の値下がりなどをリスクとして検討し、対応が必要となります。

リスクとは「これから遂行しようとするプロジェクトの目的に対して影響を与え、それによって引き起こされる結果と影響度」のことです。

リスク＝f（リスク事象、発生確率、インパクト）

リスクには原因と結果があって、例えば「限られた人材（原因）では、コスト、スケジュール、品質に影響が出る（結果）」となり、その限られた人材の未知の仕事の能力や仕事量の変動がリスクになります。

プロジェクトに対する多くのリスクは管理可能といわれています。リスクはプロジェクトの進行とともに変化しますので、リスクの検証はプロジェクトの最初だけでなく、プロジェクトの期間を通じて繰り返し行うことが必要です。

一方、危機管理は事後処理で、リスクマネジメントは予防措置になります。「大震災が発生したら、どう対応する」は危機管理、「震災発生確率はどの程度か」「被害を最小にするために何をすべきか」はリスクマネジメントです。

藤島は施工でのリスクを検討し、長雨での工事遅れの対策を準備しました。

土地選択のさまざまなリスク

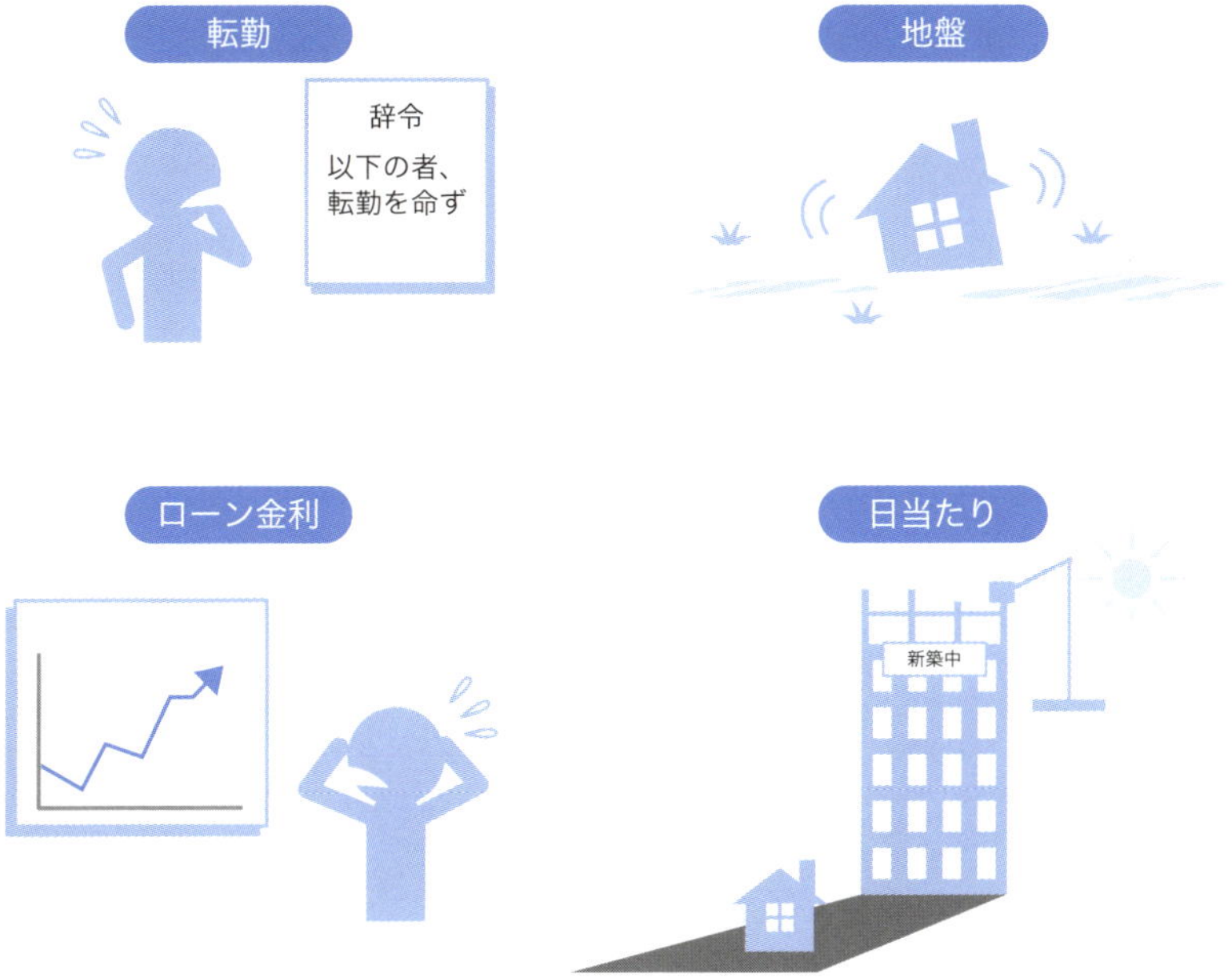

リスクを理解する

リスクとは	これから遂行しようとするプロジェクトの目的に対して影響を与える出来事であり、それによって引き起こされる結果と影響
リスクには「原因」と「結果」がある	原因：限られた人材、住民の許可を得る必要がある 結果：スケジュールの遅れ、品質・コストに影響

用語解説

リスクの種類

①統制の可能な「内的リスク」（要員の確保など）、不可能な「外的リスク」（天候など）

②損失のみの「純粋リスク」（災害など）、利益の可能性がある「投機的リスク」（不動産投資など）

25 ステークホルダーとのコミュニケーション

『契約の締結、詳細仕様の決定、そして、着工と大切な時期にきました。これからはプロジェクトの円滑な遂行のためのコミュニケーションが重要になります。コミュニケーションの基本は打ち合わせ内容を書類にまとめ、整理、保管、共有、活用することです。そうすることで、前田工務店と佐藤家、専門工事会社などのステークホルダーとの調整に役立ちます。また、連絡の方法や連絡窓口などの取り決めも必要です』

プロジェクトでは多くのステークホルダーが関係します。この家づくりプロジェクトでは銀行、設計家、不動産屋、工務店などです。多様なステークホルダーのなかでプロジェクトを成功させるにはコミュニケーションは生命線ともいえます。的確なコミュニケーションで情報の共有化を行い、プロジェクト目標に向けて意識を合わせていきます。

プロジェクト失敗の80％はコミュニケーションに起因していると報告されています。プロジェクトを進めていくなかで余裕がなくなり、他人に配慮した情報の流し方を怠ることが大きな原因です。この状況を直すのはなかなか大変で、一種の意識改革が必要です。

この例では前田工務店、佐藤家、各専門工事会社がコミュニケーションの主な対象です。会議で決めた変更事項や日常の連絡事項が確実に伝達、実行されるようにするには、情報伝達と実施担当者の意識づけとルールが必要となります。模造紙を壁に張り、プロジェクト連絡板として活用したり、グループウェアやホームページで伝言板や記録ボックスをつくってもよいでしょう。

コミュニケーションの内容は文書化することが大切ですが、顔を合わせてのコミュニケーションは不可欠で、「相手の話をよく聞くこと」が肝要です。

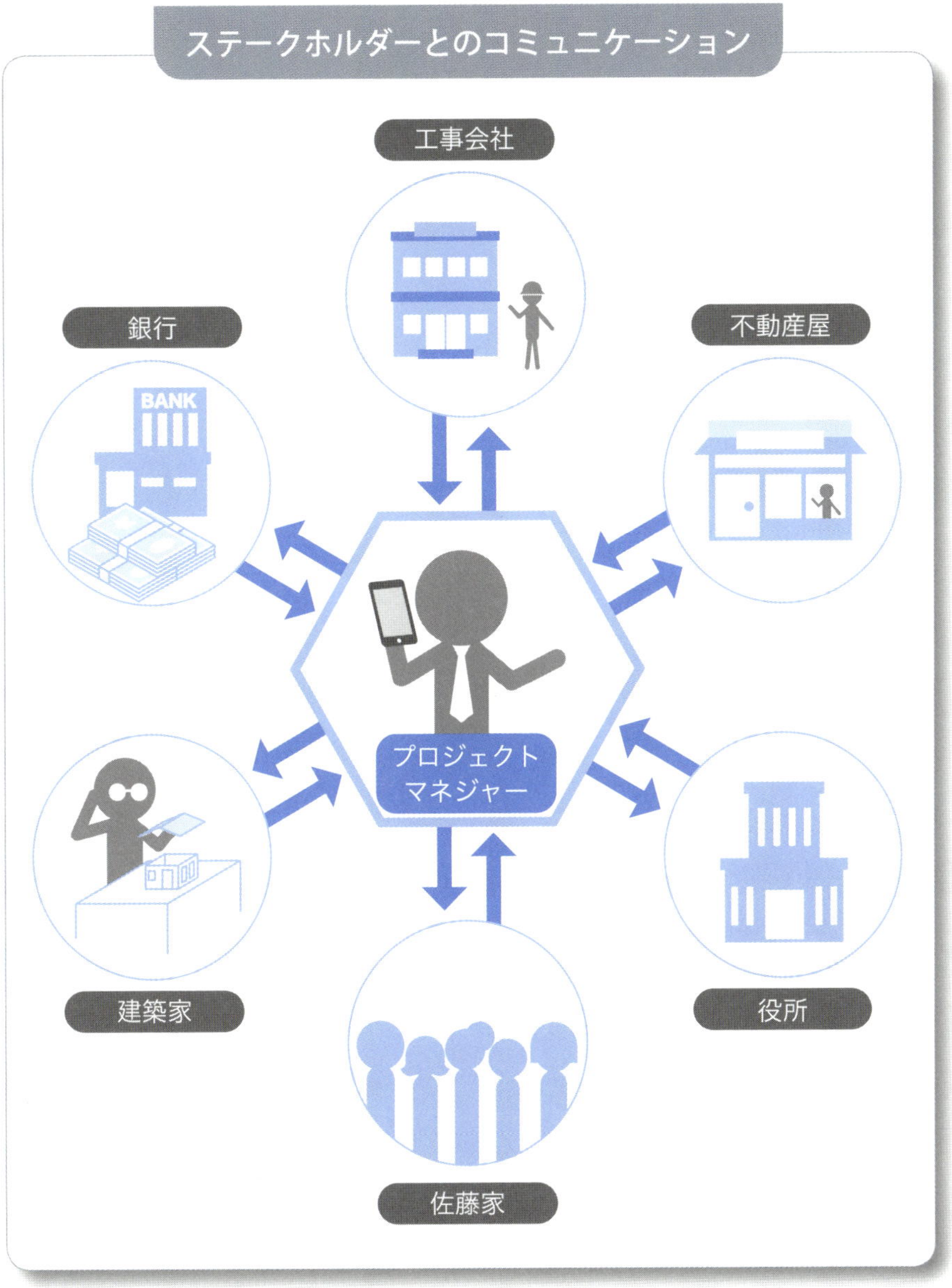
ステークホルダーとのコミュニケーション
工事会社
銀行
BANK
不動産屋
プロジェクト
マネジャー
建築家
役所
佐藤家

26 実行予算を立て、管理する

『さて、計画もほぼ終了に近づき、施主（佐藤家）からの変更・追加の要望も一段落したようです。打ち合わせで変更・追加が発生するごとに、コストやスケジュールなどの影響、追加費用の有無、予備費内で収まるかを確認し、進めてきました。前田工務店は計画段階における最終の見積書（実行予算）を施主に提出しました』

プロジェクトの実行予算について考えてみます。計画していた予算を超過することは、発注者の立場、受注者の立場の双方で発生します。発注者の場合は、当初の計画で考えていなかった設備などの要求が出て、仕様の変更が必要となることがあります。例えば「バスルームに手すりをつける」「居室を和室（畳）から洋室（フローリング）にする」というような要望が出て変更が行われ、当初の予算を超えることが起こります。

一方、受注者の場合は、発注仕様の内容を見落として積算をしたり、建築資材の急騰などで予算超過になることが考えられます。

計画変更でコストの変動が起こります。そこで、プロジェクトの予算作成時に変更・追加、あるいは不測の事態を想定して予備費（コンティンジェンシー）を設け、ある程度の追加コストが発生した場合でも対応できるようにします。当初、計画の変更を行うときは、変更に対する対応案を作成して、スケジュールなどへの影響、コスト要因などを検討し、変更の決定をします。

通常のプロジェクトでは、実行予算を設定、WBS項目ごとの予算と発生コストの乖離を確認し、業務を進めていきます。乖離がある場合は、最終コストを予測し増額をしてもらうなどの折衝を行います。

変更・追加コストも管理する

用語解説

コンティンジェンシー（予備費）

プロジェクトの変更・追加、あるいは不備に備えて計上した費用。スケジュールにも用いる。

27

計画をまとめ、施主への最終承認を得る

『計画段階でのすべての打ち合わせが終わって変更仕様も固まり、最終見積もりを提出。ホッとしている藤島です。最終の仕事として「計画書のまとめ」「施主からの承認」を取る必要があります』

佐藤邸新築プロジェクトは、夢から設計図へと具体的な姿に近づきつつあります。藤島は計画段階の最終としてプロジェクト計画書をまとめ、施主の承認を得る必要があります。この最終承認を取らないと着工ができません。

プロジェクト計画書は下記の項目に基づいて作成します。

・プロジェクト（佐藤邸新築）の目的・目標
・チーム編成（プロジェクト組織）
・実施項目（ＷＢＳ）
・役割分担表（誰が、何を）
・工程表（ガントチャート）
・コミュニケーション計画（報告、連絡）
・ステークホルダー管理表
・リスク管理表
・実行予算書
・評価指標

藤島がプロジェクトを進めていくときに、この計画書をベースに進捗を管理し、課題の対応をしていく中心となる書類です。

プロジェクトの実行は計画のようには進んでいきません。進捗の遅れ、問題の発生、予算の超過などさまざまな課題が発生します。そのような場合にプロジェクト計画書を基本にして、判断、対応を進めていく必要があります。そして、この計画書が佐藤邸新築の請負契約書の一部となります。

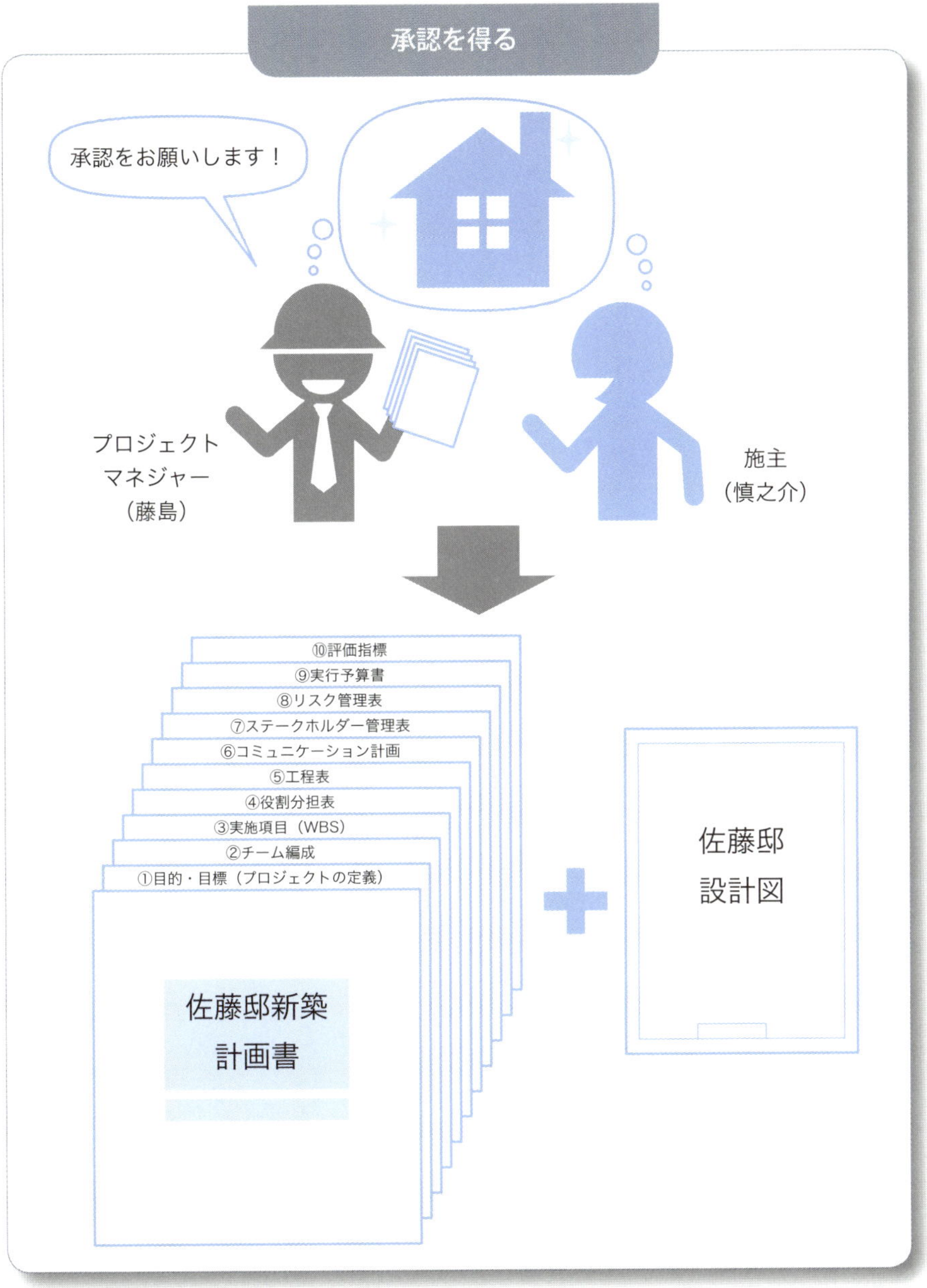
承認を得る
承認をお願いします！
プロジェクトマネジャー（藤島）
施主（慎之介）
⑩評価指標
⑨実行予算書
⑧リスク管理表
⑦ステークホルダー管理表
⑥コミュニケーション計画
⑤工程表
④役割分担表
③実施項目（WBS）
②チーム編成
①目的・目標（プロジェクトの定義）
佐藤邸新築計画書
佐藤邸設計図

28 チーム統率、プロジェクトのキックオフ

『佐藤家の承認も済み、建設のスタートです。藤島はプロジェクトのキックオフをします。施工の関係者を一堂に集め、キックオフミーティングを開催。その席で工事の開始と役割を確認し、工事安全衛生を徹底しました』

キックオフミーティングとは、プロジェクトを開始していく際、メンバーと内容を共有するために開かれるミーティングのことです。目的は、プロジェクトに関わる全員がプロジェクトの目的や内容を理解し、進め方、役割分担を理解することです。

キックオフミーティングで初めて顔を合わせる人も多いため、チームの一体感を生み出す絶好の機会であり、工事前にプロジェクトのテーマなどを共有しておくことで、意識や理解度が高まる重要なミーティングです。プロジェクトの全体像を可視化し、メンバーがミーティング終了後からゴールに向かって走り出せるようにすることが大事です。

資料としては以下のことに注意します。

・プロジェクトの基本概要および設計図
・工程表（マイルストーンとクリティカル事項）
・プロジェクト体制（誰がリーダーで、誰が何を担当する）
・連絡体制（担当責任者との連絡手段を決める）

ミーティングでは参加者にわかりやすい説明が必要です。

よいチームづくりは、相手を理解することです。自己紹介を通じ、プロジェクトに関わる人たちの役割を把握してもらう貴重な機会となります。

キックオフミーティング後でも、プロジェクト進行中に迷いなどが生じた際、読めば原点回帰できるような資料の提供が必要です。

キックオフミーティング

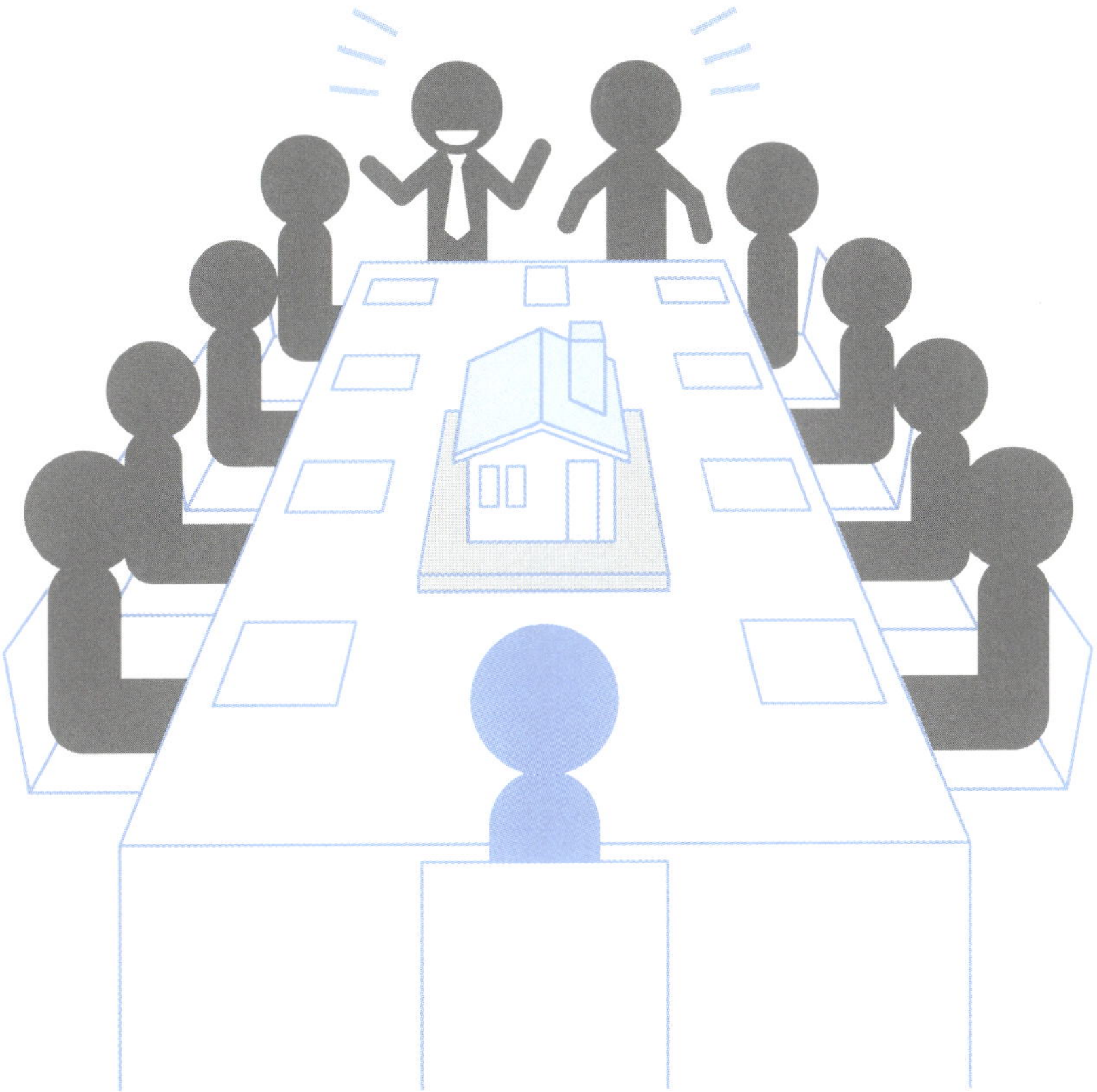

29

進捗管理—計画と実績の差異の確認と対策

『工事は順調に立ち上がってきました。藤島は毎日現場に足を運び、進み具合をチェック、計画と進捗の状況をグラフにして管理しています。一部の工事で、雨により遅れが出ています。コミュニケーション計画に基づき、進捗報告および遅れの対策を施主（慎之介）に報告し、承認を得ます』

プロジェクトがどのように進んでいるのか、何が問題でどのように解決していくのかなど、発注者と受注者が互いに納得してプロジェクトを進めることが大切です。施工計画に基づき、プロジェクトリーダーは工事現場の状況を進捗表にまとめて管理し、遅れているところは対策を実施しなければなりません。

施主への報告は、コミュニケーション計画のなかで、どういう報告を、どのタイミングで行うかを双方の了解のもとで決定することが必要です。

進捗報告書は、プロジェクトの現在の状況を記述するだけではなく、今後、このプロジェクトがどうなるのかということを記述することが肝要です。

進捗報告の基本は、次のようになります。

①現在の状況はどのようなものか

②進捗度（出来高）はどうか

③今後はどうなるのか（対策と予測）

また、進捗報告と同時に、翌月（週）の作業計画および重要な変更の記録などを報告します。リスクの発生、対応状況、問題点、解決策（解決予定日）などを加えることもあります。

進捗報告書は読んで理解しやすいということが重要ですので、報告の形式は図、表、グラフを用い、できるだけ視覚化して報告することが大切です。

プロジェクトに関わるステークホルダーにとって、進捗報告書は変更などの意思決定のための資料です。

進捗管理は進捗報告から
記録があると
進んでいるのが
わかるわ♥
今日はどこまでできたかな？
ん！　ちょっと遅れが出たな
ステークホルダーが、プロジェクトの進み具合、問題点・対策、そしてプロジェクトがどうなっていくかの予測を、手に取るように理解できる内容にすることが大切。
進捗報告書
・現状把握
・出来高
・予測
コミュニケーション計画で
決めた報告書が毎週届く

30 問題点の解決—コンフリクトマネジメント

『工事は順調に進み、照明器具や家具など細かな打ち合わせが始まっています。慎之介の母の喜子がある日、自分の部屋を畳からフローリングにしてほしいと言い出し、慎之介は藤島に変更の可能性を問い合わせました。仕様の変更はスケジュール遅延、コストのアップなどの問題が出てきます』

ステークホルダーのニーズにコンフリクトが発生した場合、コンフリクトを調整し、問題解決へ働きかけることをコンフリクトマネジメントといいます。

ステークホルダーの意向を事前に把握せず、合意をとっていない場合に、プロジェクトの途中でステークホルダーの意思によって変更などの新たなニーズが発生することがあります。また、十分な説明をした場合においても、なかなか網羅的に考えることが難しく、プロジェクトが進むにしたがって新たな意見が生まれる場合も多々あります。この新たなニーズがプロジェクトの基本計画と相反する場合、プロジェクトマネジャーはコンフリクトを調整し、互いに納得した形で問題解決にあたる必要があります。

満足のいく解決策を見つけるには、プロジェクトの現況、ニーズの優先度などを考慮して判断する必要があります。ステークホルダー間での調整がうまくいかない場合、プロジェクトマネジャーとしてのコミュニケーションや説得力を十分に発揮することが求められます。プロジェクトマネジャーはコンフリクトが発生したと認識した場合、その対応を避けることなく、自らコンフリクトの真の問題点を見つけ出し、合理的な解決案を提示しながら両者の希望を最大限に生かし、問題の解決に向けて積極的に働きかけるという重要な役割を担っています。

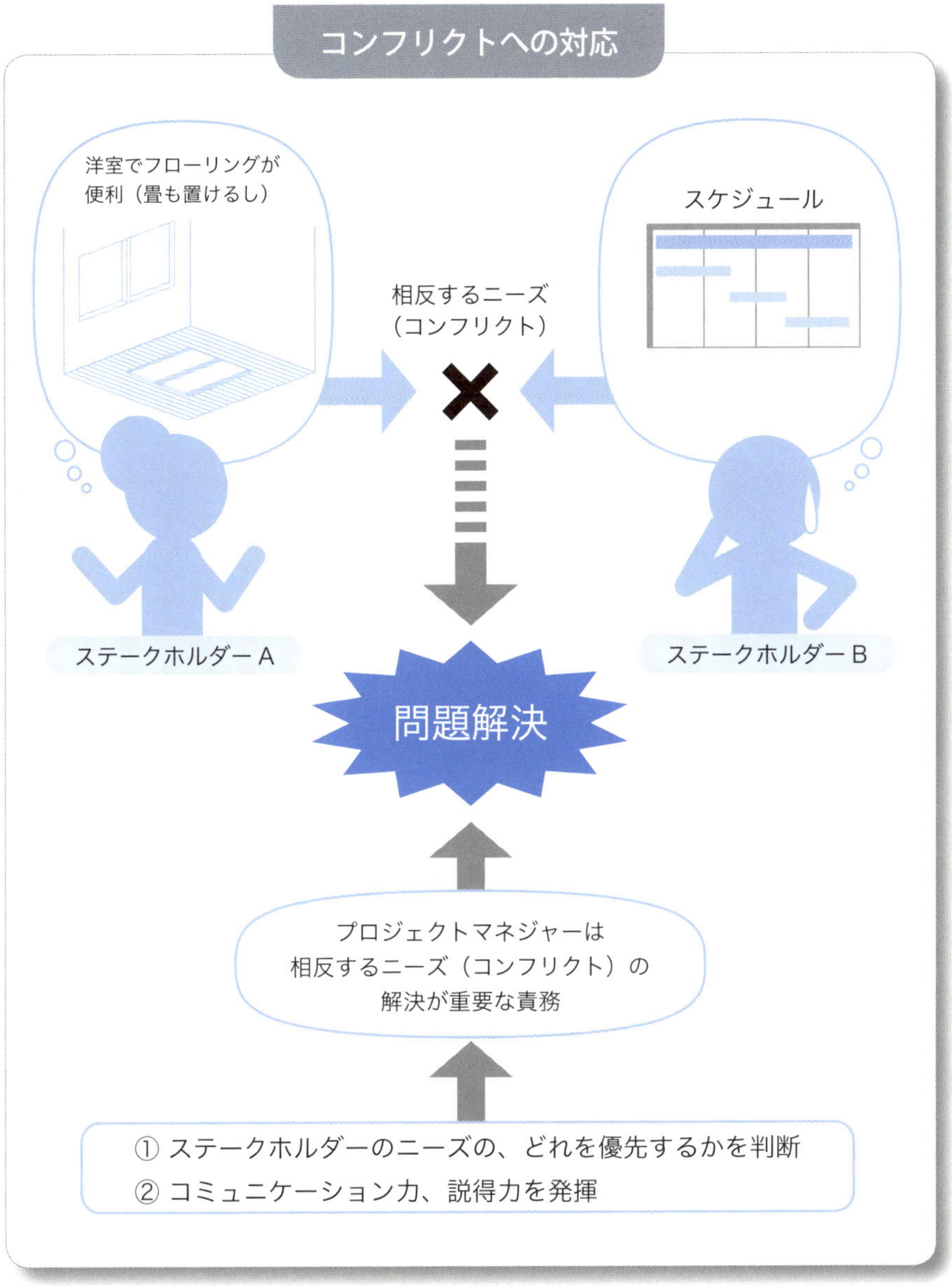

用語解説

コンフリクト
意見や利害などが対立すること。

31

変更要求──変更のないプロジェクトはない

『基本的な仕様はすでに決まっていますが、妻の紀子は友人のインテリアデザイナーの弥生の影響を受けて、システムキッチンを輸入品のタリア社のものに変更したいと考えています。紀子から話を聞いた慎之介は、この変更ができるのかどうか前田工務店の藤島に問い合わせました。一方、タリア社の日本支社にも、この変更がプロジェクトの進捗にどのような影響が出るのかを聞いてみました』

プロジェクトの計画は、いったん決定したら、それに従って遂行するのが基本ですが、変更の生じないプロジェクトは存在しません。変更へは柔軟に対応することが重要です。

スコープはすべての計画の前提になるもので、変更にはスタート時点で定められたスコープ内の変更と、スコープの増減の変更があります。例えば、当初から計画にあるシステムキッチンの仕様変更を行ったとすると、これはスコープ内の変更となります。計画になかったソーラ温水設備を取りつけることになれば、スコープの追加となります。影響を受ける範囲を認識し、どのように対処するのかを明確にしなければなりません。

すなわち、変更要求があった場合、コストやスケジュールへの影響を把握して適切な対応をし、ベースラインからの変更となるのか、的確に認識するとともに、関係者と合意をとらなければなりません。変更は新たなリスクをもたらすケースもあります。

システムキッチンのような変更は台所の寸法が変わり、電源や配管、配線の変更など多くの箇所に影響を及ぼします。変更の影響を確実に調整することが大事です。関係者への周知徹底、確実な変更と確認は、プロジェクトのスムーズな遂行に欠くことはできません。

用語解説　**ベースライン**
プロジェクトの発注者から承認された成果物が満たすべき要件の基準。

32 不測事態への対応──リスク対応

『工事は内装仕上げと造作家具、外構工事だけになりました。ところが、最後の外構工事で、材料の手配ミスにより1週間の遅れが出ることが判明しました。引っ越しの時期は遅らすことはできませんので、施主に報告、相談して承認をもらい、植栽工事は引っ越しのあとに行うことにしました』

プロジェクトの進行によってリスクの発生確率は減少し、成功確率は上がっていきます。しかし、新しいリスクの発生もあるので注意が必要です。

リスクの兆候を監視し、リスクが生じた際の影響を低減させなければなりません。プロジェクトに起きるリスクを監視することは重要な活動で、メンバーにリスク発生につながる兆候を把握できるような意識づけを行い、プロジェクトメンバーとの日頃のコミュニケーションのなかから不確実性の芽を摘みとることも重要です。

プロジェクトの終盤で不測の事態が発生した場合、納期、コストに大きな影響を与えます。最善の対策をとったとしてもリカバリーの時間的な余裕がない場合が多く、納期の遅れやコストのオーバーを起こしてしまうことがあります。プロジェクトの終盤であっても、リスクの監視を怠ってはいけません。

計画策定の際に受け入れると判断したリスクや識別できなかったリスクに対し、計画にない対応策を実施しなければならないことも起きます。このことを「迂回策の実施」といいます。迂回策の実施には、よりすばやいアクションが求められます。

発生したリスクに対応した結果として、プロジェクトのベースライン（スケジュール、コストなど）の変更があれば、確実に確認して計画を変更し、予定の姿に戻す必要があります。

迂回策の実施

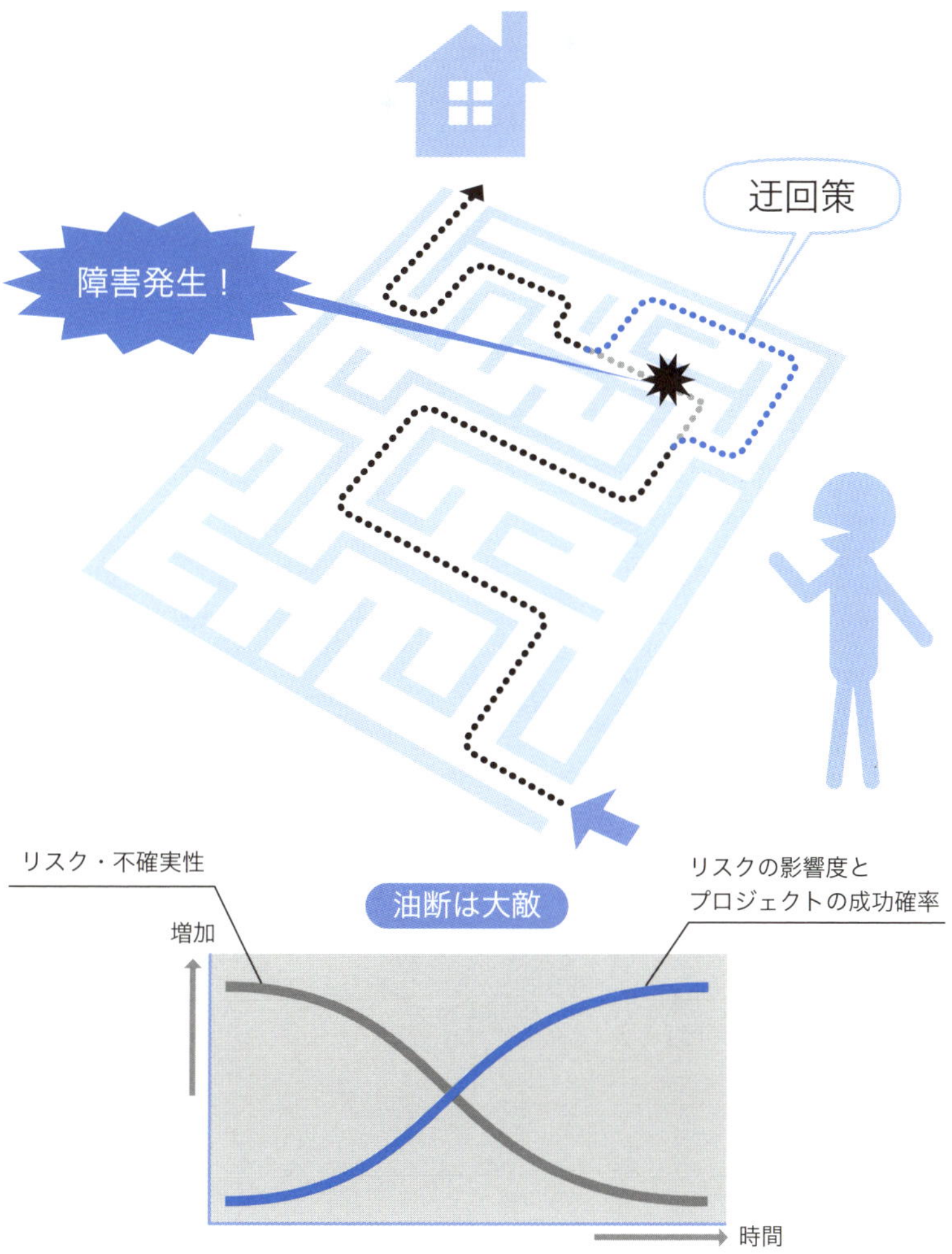

用語解説　**迂回策（Workaround）**

プロジェクト遂行段階において、識別されていない、あるいは不都合なリスク事象を受容し、計画していない対応をとること。

33 最終検査

『さて、いよいよ引き渡し前の施主検査日が決まりました。藤島は追加変更も加味した設計図や仕様一覧を準備しました。機能、性能、運用、実用性も含めて施主（佐藤家）の検査を受け、変更、修理が出た場合、それらが変更工事になるのか、追加工事になるのかを確認し、対応することにしました』

施主検査は、チェックすべきポイントを中心に進めます。指摘された箇所に付箋を貼り、要望や修正内容をメモしながら検査を進めていきます。例えば、トイレの扉があたって開きにくいようなので削ってもらう必要がある。などの、いわゆる「ダメ工事」として、未完了項目リスト（パンチリスト）にまとめます。

一方、仕様通りでも、完成してみると想像していたものと違っていることもあり、これから住むことを考えて変更してもらったほうがよい場合もあります。例えば、防犯上のことを考えて玄関のカギを二重にしてもらう場合、最初の仕様には入っていないので追加工事になります。この場合、追加コストでの仕様変更として明記し、パンチリストに加えておきます。

このように施主検査を終え、パンチリストができ上がると、お互い相談のうえ、追加工事（費用の負担）をする、しないを決めて追加工事を行います。パンチリストの最終検査が終了し、施主の承認をもらうと工務店から施主への引き渡しになります。

プロジェクトの種類により、最終検査の内容、引き渡し方法は変わりますが、その方法は契約書のなかの検収基準に明記されています。引き渡しにより、プロジェクト成果物の管理責任は施主へ引き継がれます。天災などで損害が発生した場合は施主が損失をこうむることになりますので、保険などの対応が必要となります。

チェックリストに沿って最終検査

家のなかをひとつひとつ点検する

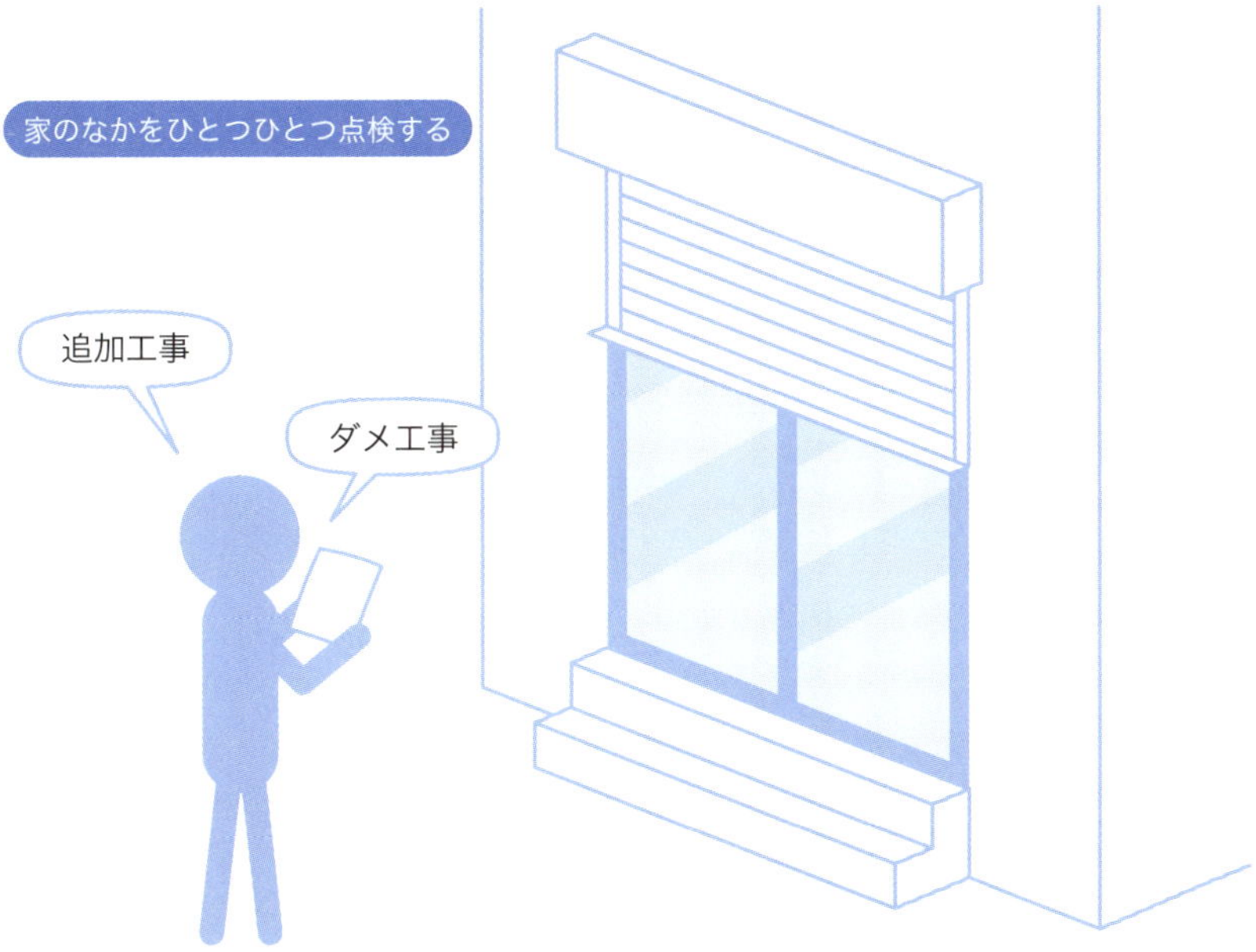

施主検査結果のパンチリスト

	修正工事（ダメ工事）	工事終了の有無
1	玄関のドア開閉調整	○：済み
2	台所フローリングの歪み調整	
3	階段じゅうたんの一部浮き修正	○
4	食洗機の排水調整	
5	ふすまの張りなおし	

	追加工事	工事終了の有無
1	2 階洋室の窓の二重サッシへの変更	
2	1 階の電動シャッター追加	
3	1 階トイレに手すり追加	
4	居間、食堂間の可動間仕切り	
5	大型郵便受けへの変更	○

用語解説

パンチリスト（Punch List）
片づけなければならない作業リスト。残務リスト、ダメ工事リストとも呼ぶ。

34

完成図書の納品と引き渡し

『施主検査も終了し、引き渡し前の完成図書の納品が近づいてきました。藤島は自社の設計部門に指示し、最終の完成図書を準備しました。施主の慎之介は、完成図書が何のために必要なのかよくわからなかったので弟の龍太に完成図書の意味を教えてもらい、受け取りの準備をしました』

プロジェクトが終了し、引き渡しのときに最終成果物についての図書を「完成図書」として納めます。

家づくりの場合、新しく住む家の設備の説明書、保証書、家の図面、役所への申請書類など、これから住むために必要な書類と、将来の修理、改装工事をするときに必要なものです。書類の量が多いので、どこに何があるかをわかりやすくまとめないと、すべての書類がそろっているか確認できず、必要な書類を探すときにも苦労します。

書類の電子化が進み、これまで完成図書は膨大な量の書類を納品していましたが、最近では完成図書を書類とともに電子化して、CD-ROMなどの電子媒体で納品することが一般的です。完成図書の電子化は保管スペースの削減だけでなく、次のプロセスであるメンテナンスなどでの業務の効率化へ大きく寄与しています。

また、受注者は発注者（施主）へ納品する完成図書の作成もありますが、一般に自社のノウハウ蓄積のために電子化し、データベースにストックします。これらの完成図書のプロジェクト履歴を「ナレッジマネジメント」として利用します。

電子化されたプロジェクト情報は今後のプロジェクトで活用しやすい形に編集し、施工ノウハウとして蓄積、プロジェクト実践の支援ツールとして利用します。

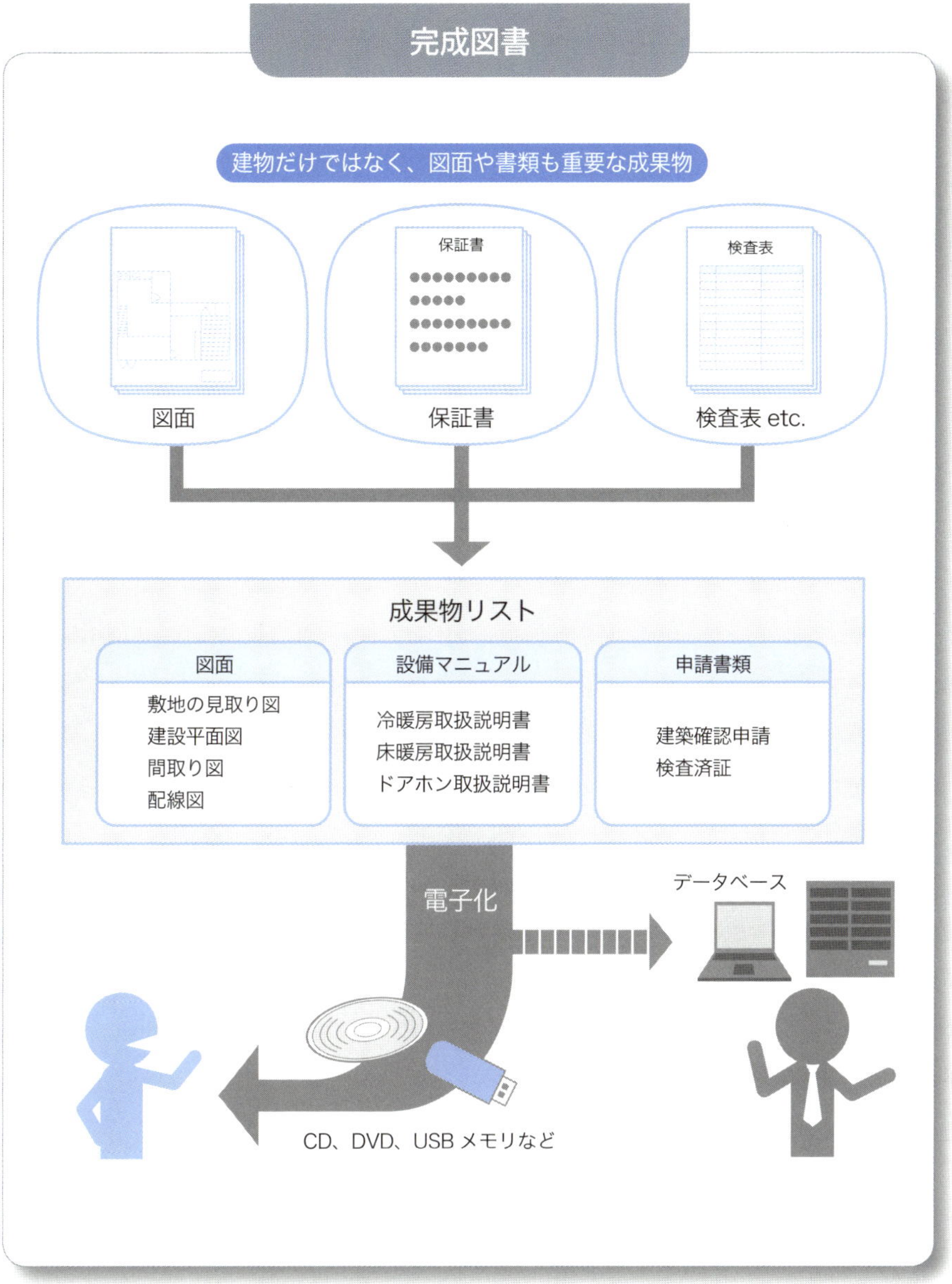
完成図書
建物だけではなく、図面や書類も重要な成果物
保証書
検査表
図面
保証書
検査表 etc.
成果物リスト
図面
敷地の見取り図
建設平面図
間取り図
配線図
設備マニュアル
冷暖房取扱説明書
床暖房取扱説明書
ドアホン取扱説明書
申請書類
建築確認申請
検査済証
電子化
データベース
CD、DVD、USB メモリなど

35 クローズアウト（終結）

『「佐藤邸新築プロジェクト」は終結を迎えました。家づくりプロジェクトを通して学んだ多くのことは記録として整理し、次のプロジェクトで役立つようにしておかなければなりません』

プロジェクトの終結は成功で終わる場合だけではありません。資金不足により中断した建設工事、当初の目的が無意味になり、運用フェーズに移れない工場の建設などにもプロジェクトのクローズアウト（終結）の手続きが必要です。

次のような項目がプロジェクトのクローズアウトのための確認事項となります。

①要員の再配置：社内要員は次の業務への配置転換を行います。外部人材は契約を終了します。
②エンジニアリングの完了：納入物を完成図書としファイリングします。
③調達契約の完了：プロジェクトの全契約について検収を確認します。また図面などの成果物が納品されていることも確認します。
④顧客の検収：請け負いで実施しているプロジェクトについては成果物の提出を確認し、顧客から検収を受けます。
⑤会計の完了：銀行口座や社内の会計コードなどの使用を終了します。受注案件であれば売り上げの手続きを行います。
⑥プロジェクト記録：スケジュールや進捗、コスト実績、プロジェクトのコミュニケーションの記録などを完成時の記録として残します。

クローズアウトは、レッスンズラーンド（Lessons Learned）をまとめることが大切です。次に役立つ経験を組織で共有するためです。組織としては有効に活用できる仕組みづくりが重要になります。

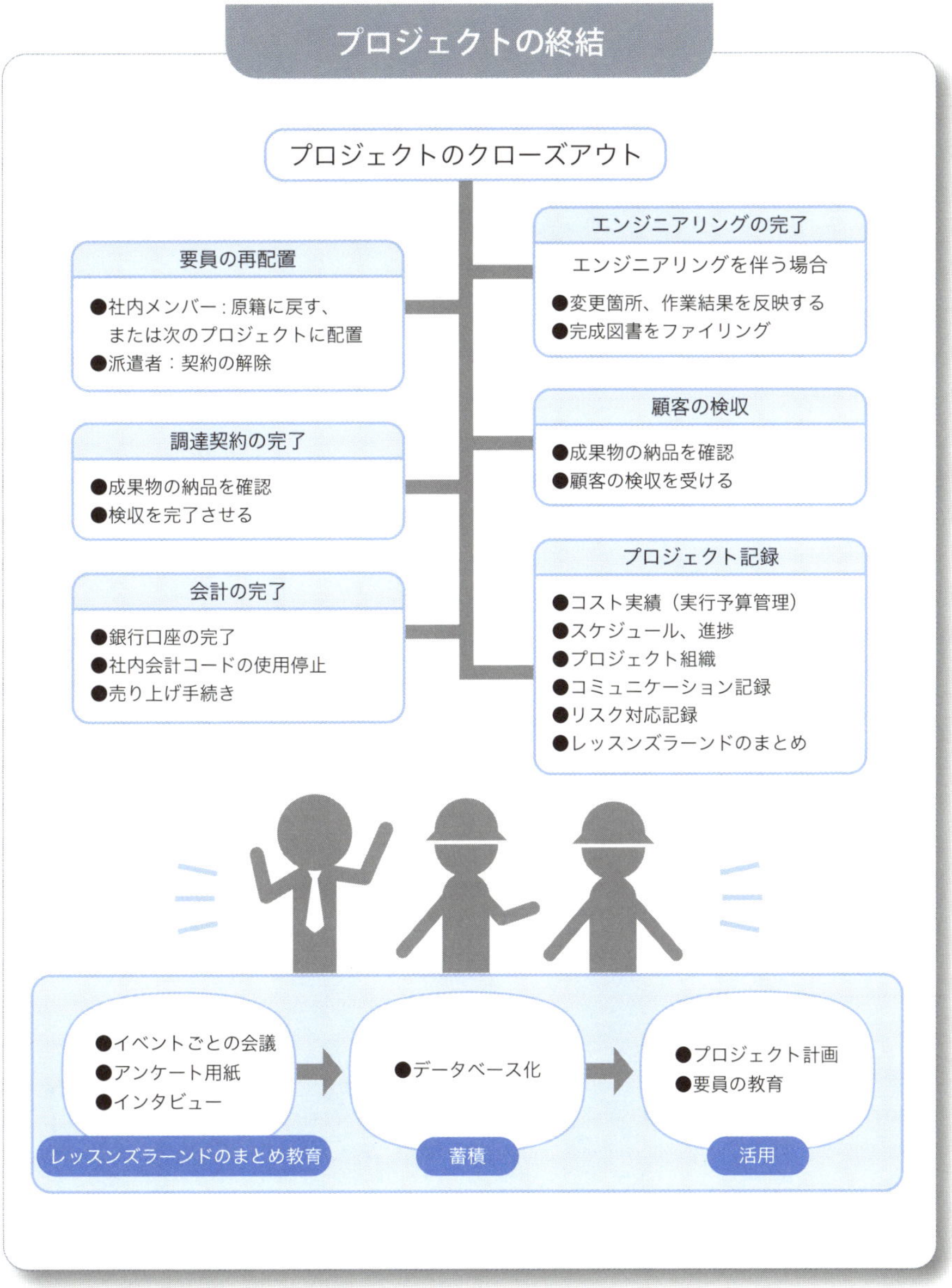

用語解説　**レッスンズラーンド（Lessons Learned）**

プロジェクトを実行する組織において、次のプロジェクトをさらにうまく実施するために残す教訓集。

第4章

新しい暮らしが始まる

―まずは引っ越しから―

年初の構想・企画からスタートし、暮れにやっと家が完成しました。

最終検査も終わり、前田工務店からの引き渡しも完了。

いよいよ、新居への引っ越しです。

引っ越し自体は家を新築しようと決めたときから決まっていたことなので、佐藤家では準備を進めてきました。

引っ越しも、プロジェクトマネジメントの方法で実施することにしました。

さあ、新しい暮らしのスタートです。

36 引っ越しプロジェクト

『家族団らんの場で引っ越しについて紀子と慎之介が話をしています。プロジェクトマネジメントを利用して、引っ越しというプロジェクトを実施しようと考えています。長女の愛子を責任者に任命しました』

ここまで、プロジェクトの「構想・企画」「計画」「実施」フェーズを説明してきました。プロジェクトはフェーズに分割することが可能ですが、個々のフェーズを一つのプロジェクトとして扱うこともできます。

建設プロジェクトのなかで設計部分を設計事務所が請け負う場合、設計事務所のなかでは独立したプロジェクトになります。いま、佐藤家では引っ越しをプロジェクトとして進めようとしています。

引っ越しは家を建てると決めた段階で決定しているので、予算も大枠が決まっています。プロジェクトマネジャーの任命が終われば、直ちに計画の始動です。

引っ越しもプロジェクトのPDCAに従った管理を行います。ただし、小規模かつ短期間であるため、管理のきめ細かさは不要です。プロジェクトマネジメントの要素のなかから、引っ越しに必要だと想定される項目を取り出してみます。

①組織：責任を明確にするために必要
②スコープ：引っ越しのための作業を漏れなくリストアップするために実施。WBSを作成し、家族で分担する作業と業者への依頼内容を区分
③スケジュール：全体の日程を作成し、さらに引っ越し当日のスケジュールは確認ポイントを整理
④コスト：業者へ発注する部分とその他に分け計画
⑤調達（契約）：依頼範囲を整理し、数社へ引き合いを出す
⑥その他：破損対応と保険について、引っ越し業者と調整する

引っ越しを一つのプロジェクトとして

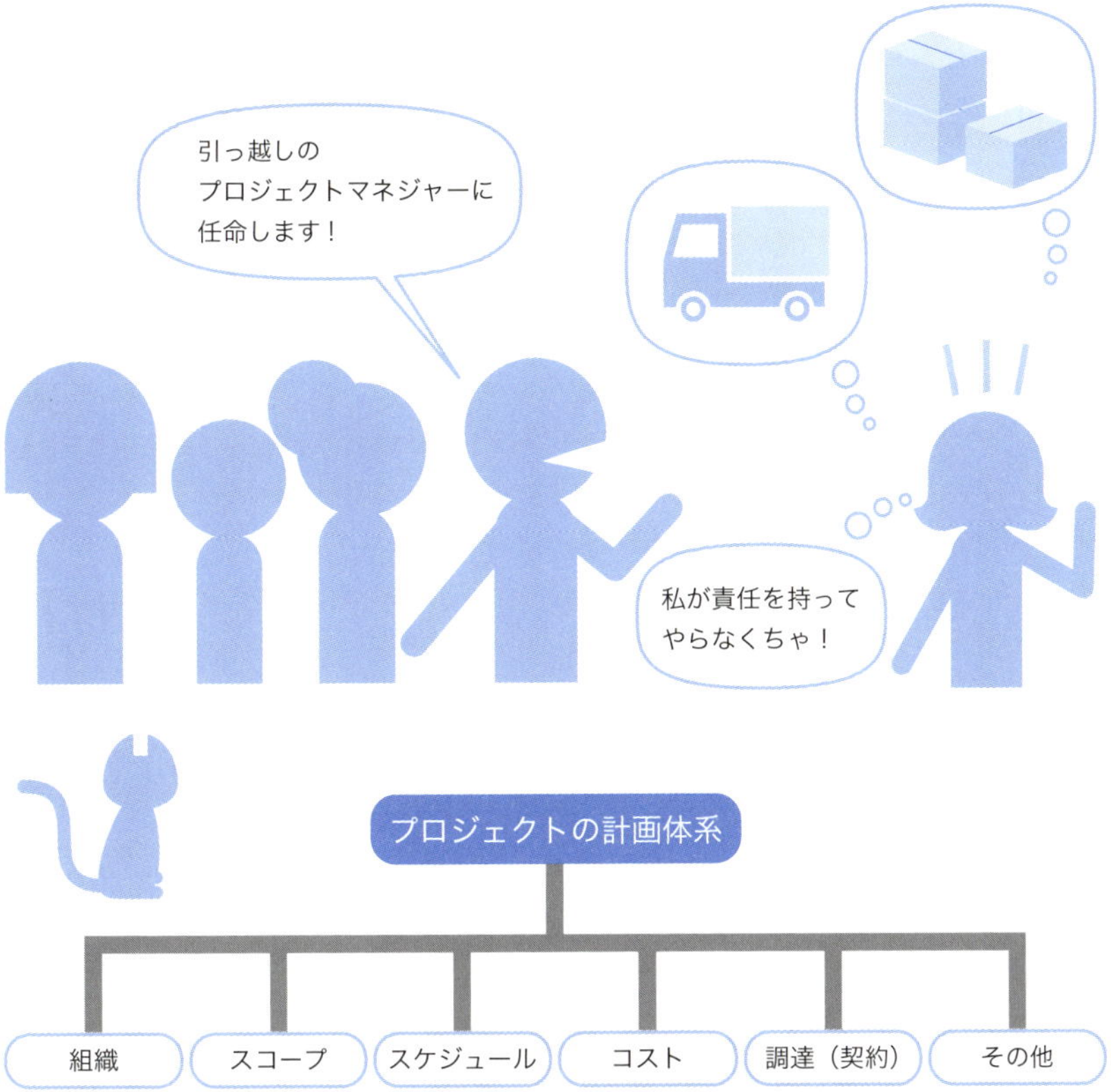

プロジェクトはフェーズに分かれます。フェーズは
それ自体をプロジェクトと捉えることもできます。

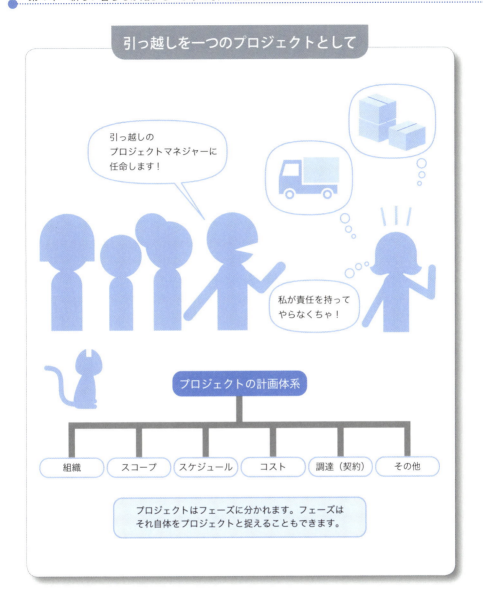

37 保証・アフターサービス

『7年が経ち、工務店から定期点検の連絡が入りました。慎之介と紀子は「アフターサービス規定」の書類を引っ張り出し、クレーム対象の項目はないかチェックしましたが、結局、直してもらったのは動きが鈍くなったサッシと網戸の建てつけでした』

瑕疵《かし》の責任として、新築住宅の場合には10年の瑕疵担保期間が義務化されています。売主（施工業者）は、住宅取得者に対して構造の主要な部分（柱、梁、基礎など）や屋根などの主要な部分について、引き渡し日から10年間、瑕疵を補修する義務を負うことになっています。

瑕疵担保責任は、ソフトウェアの請負契約などにおいても重要な項目になりますから、契約においては注意が必要です。

住宅の場合、瑕疵担保責任とは別に契約で取り決めするアフターサービスがありますが、佐藤家では、これに従って手直しを行ってもらっています。

プロジェクトマネジメントの視点でみると、瑕疵担保責任や保証、アフターサービスは、売主（受注者）の場合は長期的な支出の要素になります。リスクマネジメントの対象という考え方もできます。

一方、プロジェクトのオーナー側（発注者）は「運用」段階に入ると保証事項以外にも運転費や補修費などさまざまな支出がありますから、プロジェクトの計画段階から予算化が必要です。

投資の観点では、運用も含めて全てのフェーズでかかる支出、ライフサイクルコスト（LCC：Life Cycle Cost）を最小にすることが重要です。例えば、断熱効果の高い工法に割高なコストをかけ、光熱費の料金を低減できればライフサイクルコストを考慮した投資ということになります。

補修もプロジェクトマネジメントの視点で

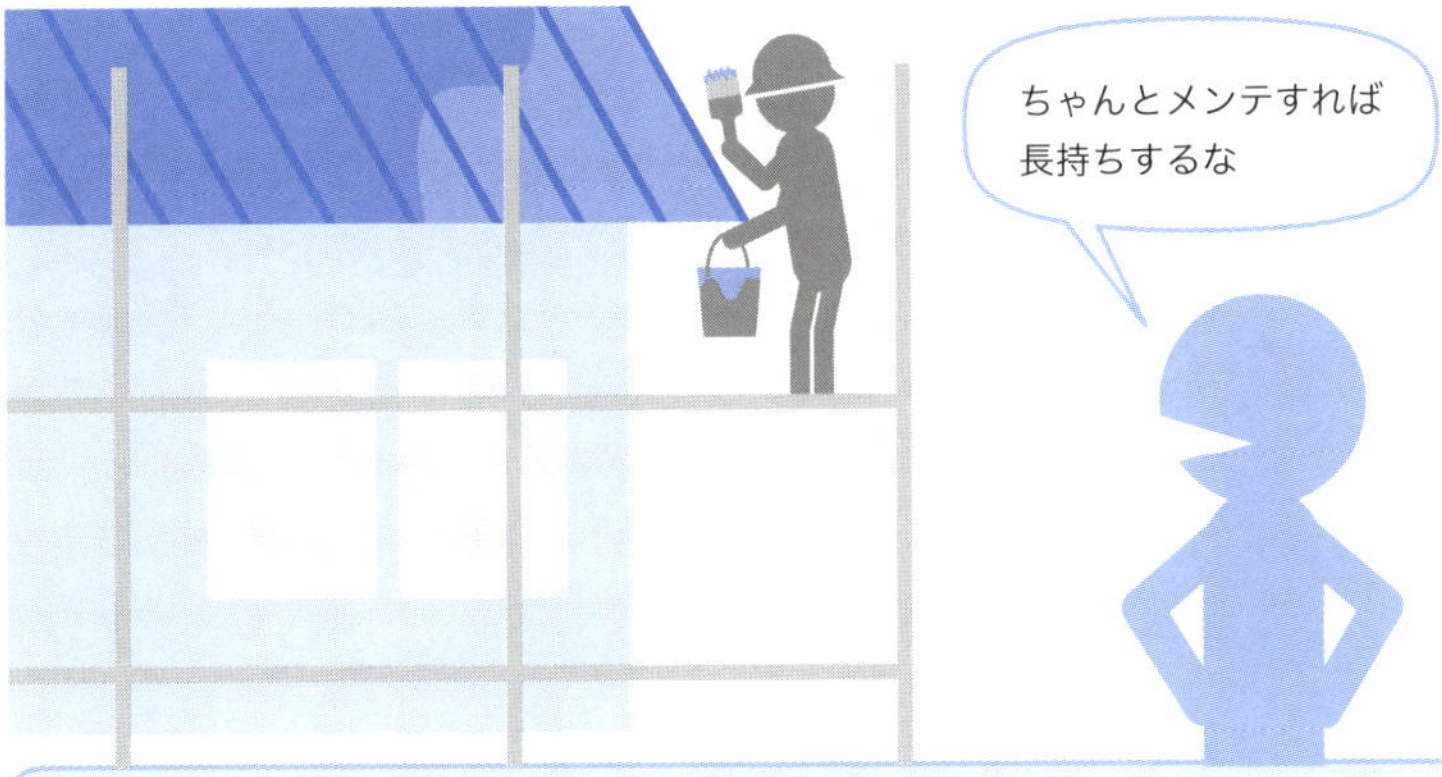

プロジェクトマネジメントの視点

（発注者）　………　長期の運用費・補修費の予算立てが必要

（施工業者）………　瑕疵担保期間、保証・アフターサービス期間における支出を考慮

●ビジネス創出の観点からも、ライフサイクルコストを低減する投資の提案が重要になる。

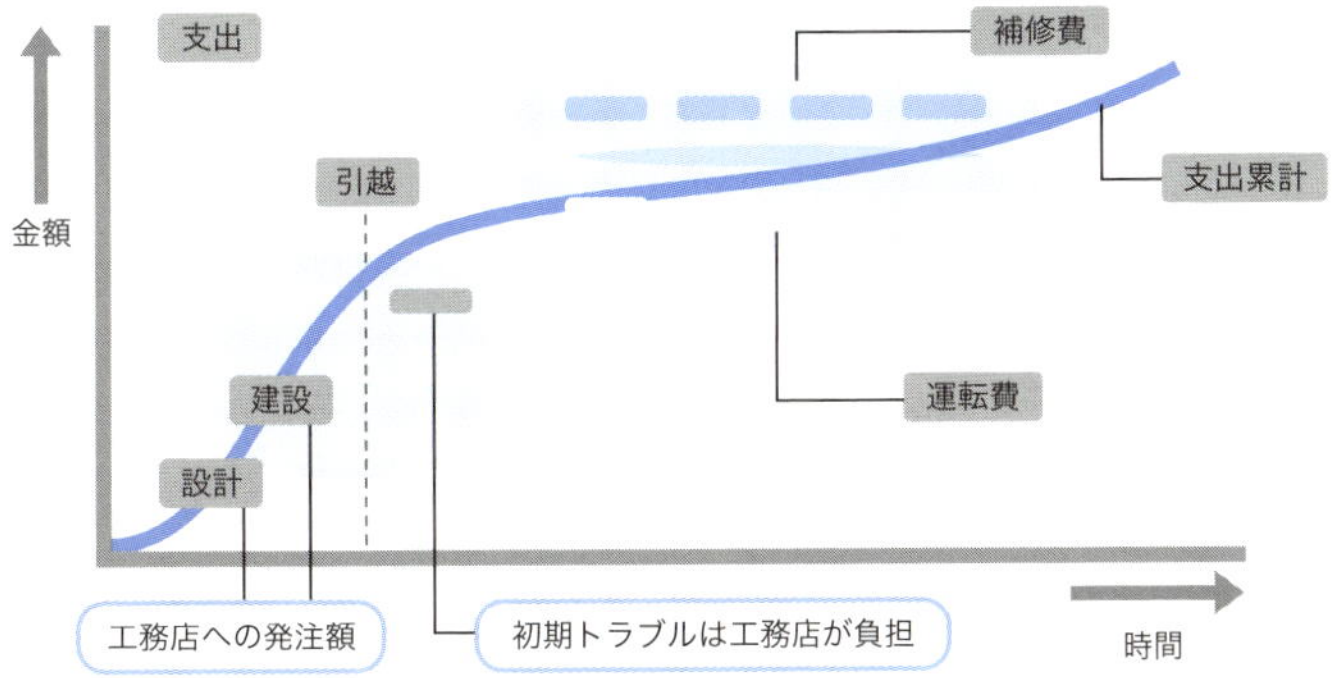

ライフサイクルコスト

用語解説

瑕疵

物に対して一般的に備わっている当然の機能が備わっていないこと。あるべき品質や性能が欠如していること。隠れた欠陥。

38

プロジェクトの事後評価—プロジェクトの価値は

『愛子がピアノの練習をしていると、隣の受験生から「うるさいのでやめてほしい」と苦情がきました。普段なら文句は出ないのですが、結論として防音工事を行い、二重サッシにする決断をしましたが、工事費用と空調費が発生しました』

ピアノの音への苦情に対応する方法はいくらでもありますが、佐藤家が選択した防音工事は、今後の近所づき合いを考えれば、最良の方法だと思われます。

これを機に、佐藤家では新しく家を建て、移り住んだことが家族にとってよかったのかを考えてみることにしました。

当初、みんなが考えていたことは、個室がほしい、友だちを呼びたい、料理教室ができる機能的なキッチンがほしいといったことでした。家族で家を建てるプロジェクトを採択して資金、立地、入居時期といった制約を考慮し、プロジェクトを無事に完了させました。

プロジェクトが完了し、運用に入ってからの評価は、現在の状況が最初に描いた理想形と比較してよかったのか、悪かったのかという視点が重要です。

佐藤邸新築プロジェクトの総合評価を左ページにまとめてみました。家の建設については、完成の時点で、おおむね満点といえる評価です。当初の目的達成についても満点といってよい評価です。しかし、運用においてはピアノの音のクレーム対応での防音工事とエアコンを使用する電気料金が増え、辛い評価になります。このような内容を含めて総合評価を行います。

プロジェクトが公共のもので社会に与える影響が大きい場合には、事後評価は極めて重要です。プロジェクトのライフサイクルが長期にわたる場合は、1回に限らず、定期的に再評価していくことも必要です。

佐藤家の新居の価値の向上はこれからです。

佐藤邸新築プロジェクト総合評価

1. プロジェクトの達成度（評価：◎）
当初の計画通り、完了した。

2. プロジェクトの遂行（評価：◎）
家族全員で取り組み、完成した。

3. 家族の満足度（評価：◎）
家族全員が新しい家で快適な生活をスタートした。

4. 資産運用（評価：未）
資産としての評価はいまからである。

5. 運用コスト（評価：△）
ピアノの音の影響でエアコンの運転時間が増えたため、電気料金が増えている。

6. 近隣への影響（評価：○）
クレームはあったが、対応がよかったため、その後は近隣の家族と仲よくしている。

第5章

プロジェクトマネジメント解説

家づくりプロジェクトを通して、プロジェクトマネジメントについて基本を説明してきましたが、知っておけば便利な考え方、ツールがたくさんあります。

ここでは第1章から第4章までで詳述できなかった主要項目を解説します。

プロジェクトマネジメントは長年にわたって蓄積されてきたノウハウの塊です。そして、チームで仕事をするときの進め方の基本です。この本を参考に、活躍していただければ幸いです。

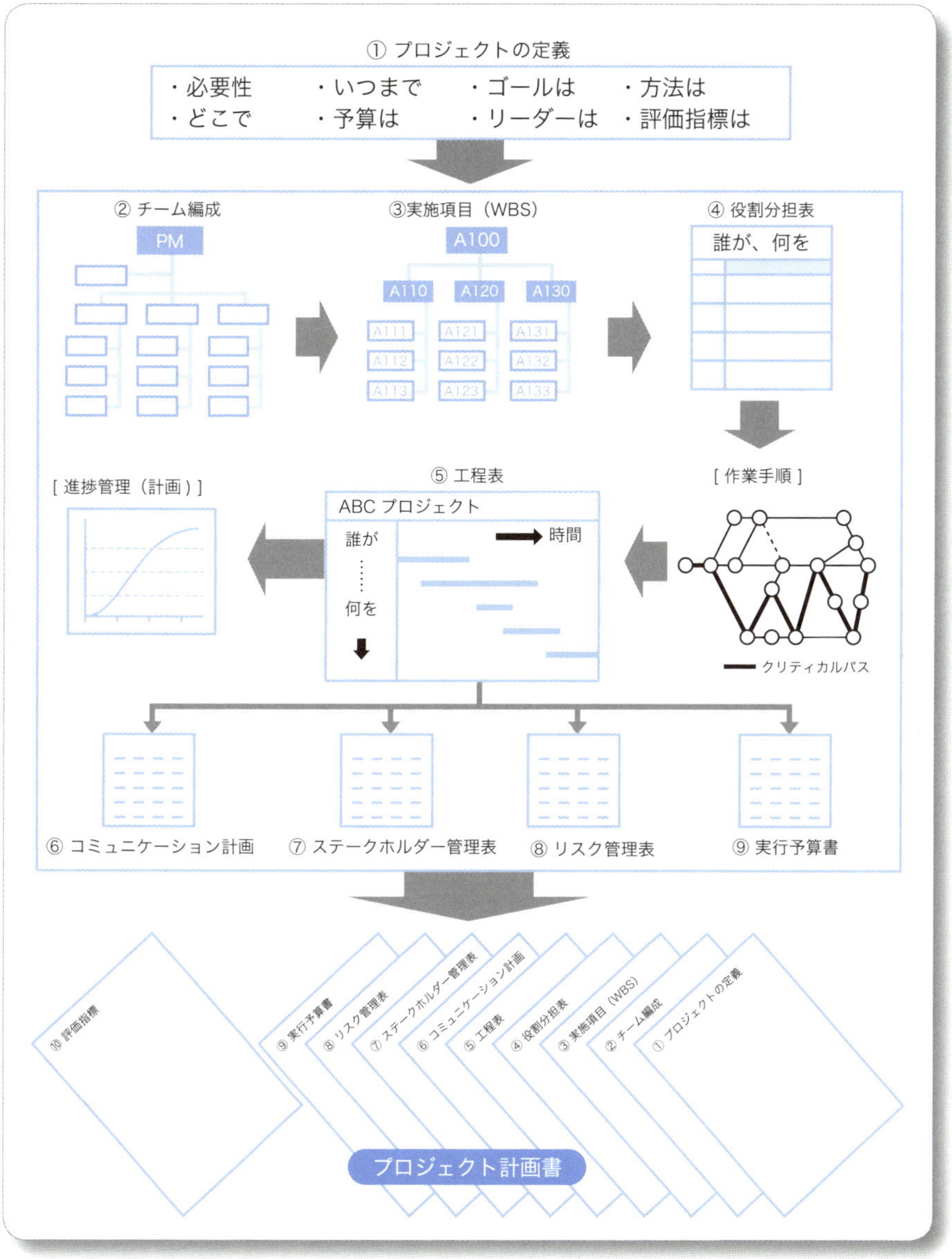

① プロジェクトの定義
・必要性
・いつまで
・ゴールは
・方法は
・どこで
・予算は
・リーダーは
・評価指標は
② チーム編成
PM
③実施項目（WBS）
A100
A110
A120
A130
A111
A121
A131
A112
A122
A132
A113
A123
A133
④ 役割分担表
誰が、何を
[作業手順]
クリティカルパス
⑤ 工程表
ABC プロジェクト
誰が
何を
時間
[進捗管理（計画）]
⑥ コミュニケーション計画
⑦ ステークホルダー管理表
⑧ リスク管理表
⑨ 実行予算書
⑩ 評価指標
⑨ 実行予算書
⑧ リスク管理表
⑦ ステークホルダー管理表
⑥ コミュニケーション計画
⑤ 工程表
④ 役割分担表
③ 実施項目（WBS）
② チーム編成
① プロジェクトの定義
プロジェクト計画書

39

プロジェクト組織

プロジェクトマネジャーは、プロジェクトを進めるために必要な人員を組織（チーム）化します。その臨時の組織を「プロジェクト組織」と呼びます。

組織には、大別すると機能組織とプロジェクト組織があります。

機能組織は、工場の組織の場合のように、それぞれの担当（専門）部門があります。この組織でプロジェクトを進める場合、部門間の調整はラインを通して進めることになり、プロジェクトマネジャーも専任ではなく、プロジェクト運営には適していません。

プロジェクト組織はプロジェクト推進のための専門組織で、機能部門からプロジェクトの担当者が専任され、プロジェクトマネジャーの指揮下で動くことになります。担当者がプロジェクトの目標のために効果的に活動することができます。プロジェクト型組織とマトリックス型組織という形態があります。マトリックス型組織は担当部門の要員が、その機能部門に所属しながらもプロジェクトチームの担当者となる組織です。マトリックス型組織の場合、担当者が所属する組織の上司とプロジェクトマネジャーという2人の上司を持つため、上司間の調整が必要になります。

プロジェクト型組織はプロジェクトマネジャーの権限が強く、関係性も密になり、プロジェクト遂行のために強い組織になります。ただし、プロジェクト要員が一定期間は専属となるため、組織全体としての人材の有効活用に難点があります。例えば、プロジェクト終了後に要員の配置が容易ではなく、ノウハウやスキルが分散してしまうという問題があります。技術面ではマトリックス型組織のほうが、その原籍に所属していることからも他のプロジェクトへの情報が移転しやすく、技術の蓄積が容易であるなどの利点があり、それぞれ長所、短所を持っています。

プロジェクトは組織づくりから

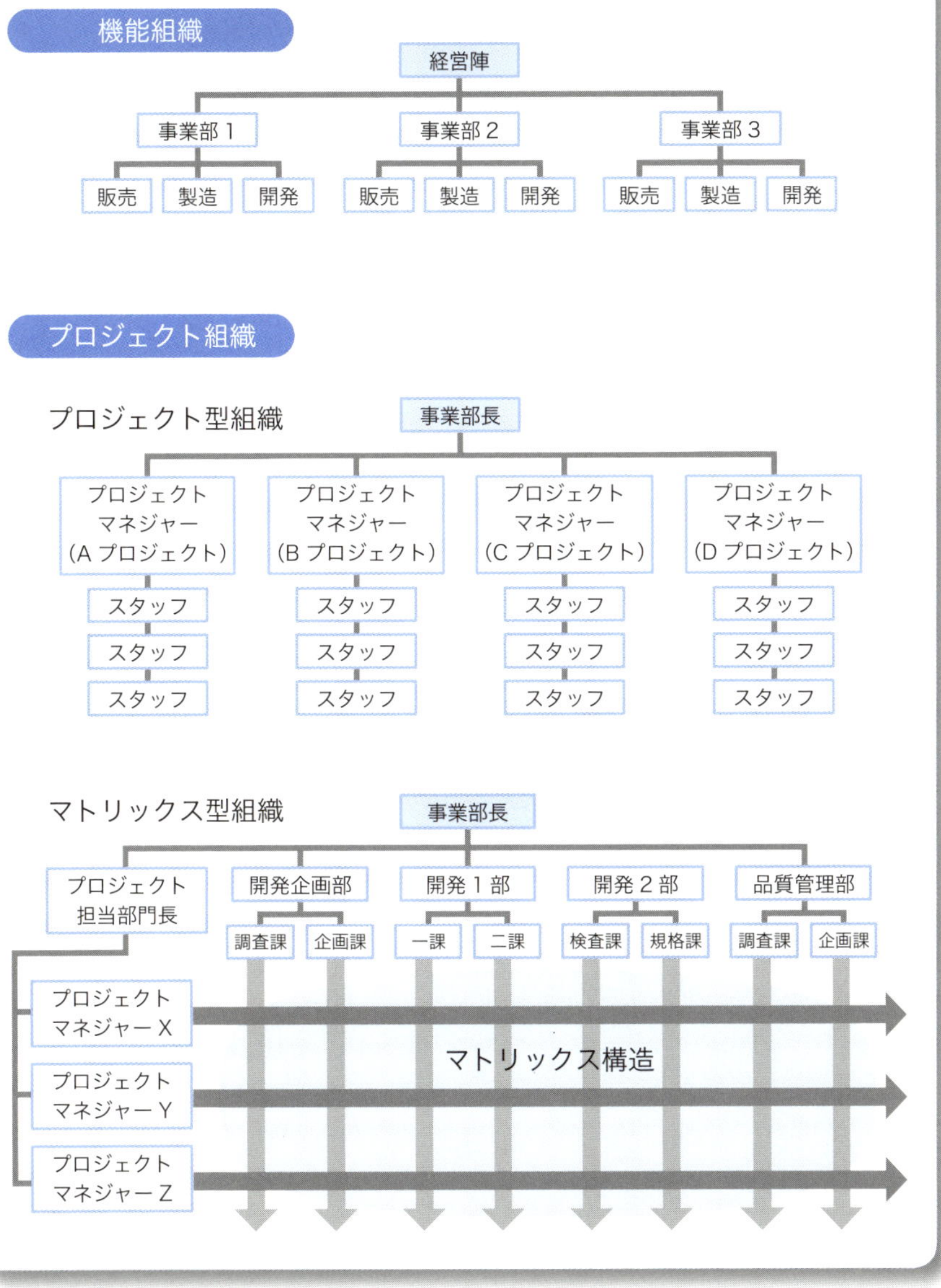

40 プロジェクトマネジメントオフィス

プロジェクトの組織に、プロジェクトマネジメントオフィス（PMO：Project Management Office）という形があります。

PMOの目的は、組織内で同時並行的に遂行される複数のプロジェクトを円滑に進めることにより、組織全体の最適化を実現することです。

現在のPMOはビジネスニーズに応じて多様化し、プロジェクトに特化したPMOではなく、定常的に組織として存在するPMOが増えています。

適用もさまざまで、プロジェクトの特性、組織の規模、企業戦略の内容などにより位置づけも異なり、多くのバリエーションを持っています。

一般的なPMOの主な役割は以下になります。

・プロジェクトマネジメント業務の支援
・プロジェクト間のリソースやコストの各種調整とプロジェクト環境の整備
・プロジェクトマネジメントにおける研修などの人材開発
・付随するプロジェクト関連管理業務

次にPMO導入のメリットを以下になります。

・教訓・手法・ベストプラクティスの共有
・品質の向上
・関連リソースの確保・調達の迅速化

また、企業経営でのメリットは以下になります。

・プロジェクトマネジメントの手法・知識の標準化
・プロジェクトの優先順位づけ、経営判断の迅速化
・人材の安定的な育成

PMOのプロジェクトへの関与形態は①支援型PMO、②管理型PMO、③ライン型PMOに大別されますが、複合の形態も多く存在します。

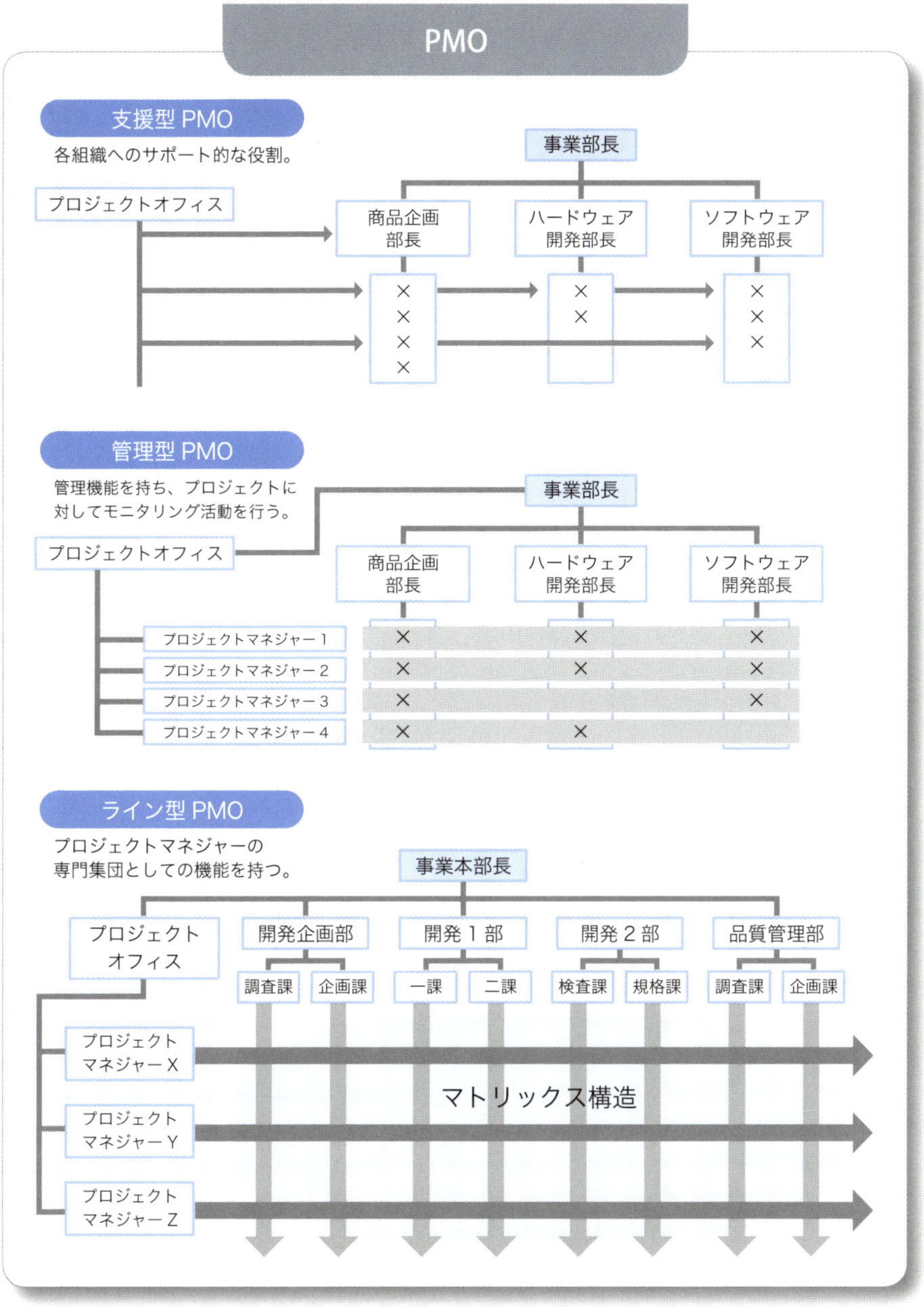
PMO
支援型 PMO
各組織へのサポート的な役割。
事業部長
プロジェクトオフィス
商品企画部長
ハードウェア開発部長
ソフトウェア開発部長
管理型 PMO
管理機能を持ち、プロジェクトに対してモニタリング活動を行う。
事業部長
プロジェクトオフィス
商品企画部長
ハードウェア開発部長
ソフトウェア開発部長
プロジェクトマネジャー1
プロジェクトマネジャー2
プロジェクトマネジャー3
プロジェクトマネジャー4
ライン型 PMO
プロジェクトマネジャーの専門集団としての機能を持つ。
事業本部長
プロジェクトオフィス
開発企画部
開発1部
開発2部
品質管理部
調査課
企画課
一課
二課
検査課
規格課
調査課
企画課
プロジェクトマネジャーX
プロジェクトマネジャーY
プロジェクトマネジャーZ
マトリックス構造

41 タイムマネジメント

プロジェクト遂行で重要なことに、時間の管理があります。成果物は決められた予算と時間（期限内）に完了させることが重要な命題です。

例えば、新製品開発というプロジェクトでは完成時期がビジネスチャンスに直結し、新製品の優位性の確保という意味で重要です。

タイムマネジメントでは時間軸上で最も効率的な業務手順を計画し、これに従って進捗をコントロールし、計画変更を起こす要因を予見、管理します。実施の段階では実績情報と計画との乖離を把握し、その要因は何かを把握して対策を講じる必要があります。なお、定義されたタイムマネジメントはスコープマネジメントとコストマネジメントとの相関関係があります。

また、プロジェクトは全工程を通して個々の作業が密につながっているため、作業の遅れは後続の作業の遅れになり、工期の調整が必要となります。対策として人員を投入すると資源の追加となり、コスト超過の原因ともなります。工期の厳守には、メンバーが全体のスケジュールを把握し、責任を持ち、担当作業を計画通りに完了させ、あとの工程につなげるという高いモチベーションが重要となります。

スケジュール作成は、スコープ計画で当該プロジェクトのＷＢＳを構築し、次にＷＰを定義することから始めます。

作業順序を設定し、アクティビティに資源を割り当て、所要時間の見積もり（何人で、いつまでに終わらせるか）を行います。

ＷＰの要求（いつ始まって、いつ終わるか）が合うまで作成を繰り返してスケジュールが作成されます。この段階でプロジェクト予算も設定されます。

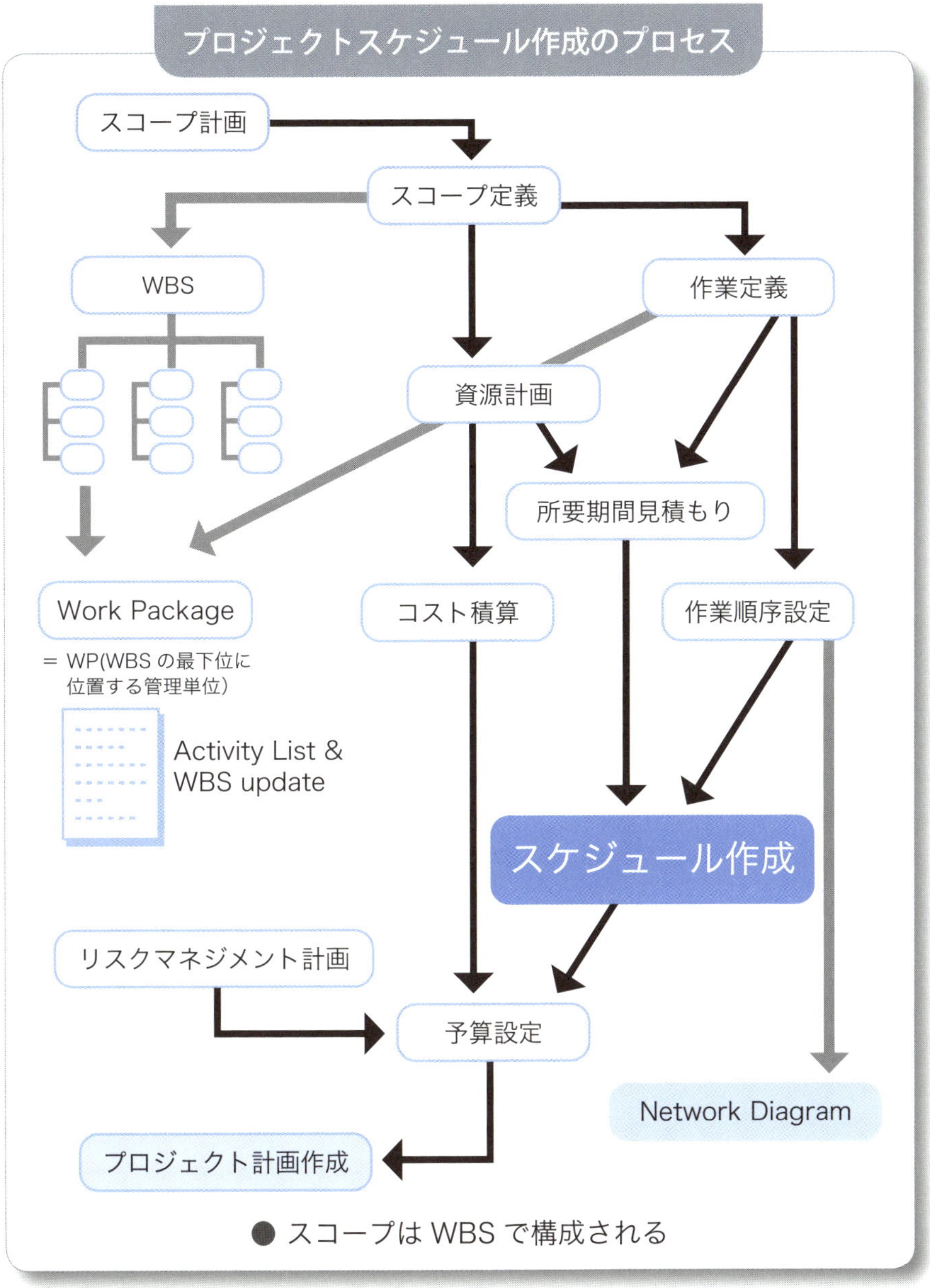
プロジェクトスケジュール作成のプロセス
スコープ計画
スコープ定義
WBS
作業定義
資源計画
所要期間見積もり
Work Package
= WP(WBS の最下位に
位置する管理単位)
コスト積算
作業順序設定
Activity List &
WBS update
スケジュール作成
リスクマネジメント計画
予算設定
Network Diagram
プロジェクト計画作成
● スコープは WBS で構成される

42 クリティカルパス（最長経路）

スケジュール管理手法で重要なツールにクリティカルパス法（CPM：Critical Path Method）があります。

仕事の手順として、それぞれの作業に前後関係をつけていくと、プロジェクトの開始から終了までに、さまざまな作業の連なりである経路（パス）ができます。

これらの経路のなかで、各作業の所要期間の合計が最大なものが必ず一つ以上あります。この経路上にある作業が一つでも計画から遅れると、プロジェクトの終了が遅れます。この経路のことを「クリティカルパス（最長経路）」と呼びます。

スケジュールを計画するときは、このクリティカルパス上にある作業を、どのように進めるかを全体工程のなかで重点的に検討する必要があります。計画したスケジュールが予定通りに進まないなどの問題がある場合、クリティカルパス上の作業に注目して計画を見直します。

プロジェクトの実施においては、クリティカルパスのなかにある作業の監視を重点的に行うことが大事です。

クリティカルパスではない経路の作業には「フロート」という余裕期間があり、その期間以内であれば作業が遅れたとしても全体に影響を与えることはありません。ただし、クリティカルパス上の作業が計画よりも早く完了した場合には、他の経路がクリティカルパスとなることがありますので注意が必要です。

プロジェクトの進行中は常にクリティカルパスの動きを監視し、遅れが出た場合、対策をする必要があります。

仕事の手順とクリティカルパス

クリティカルパス(最長経路）とフロート

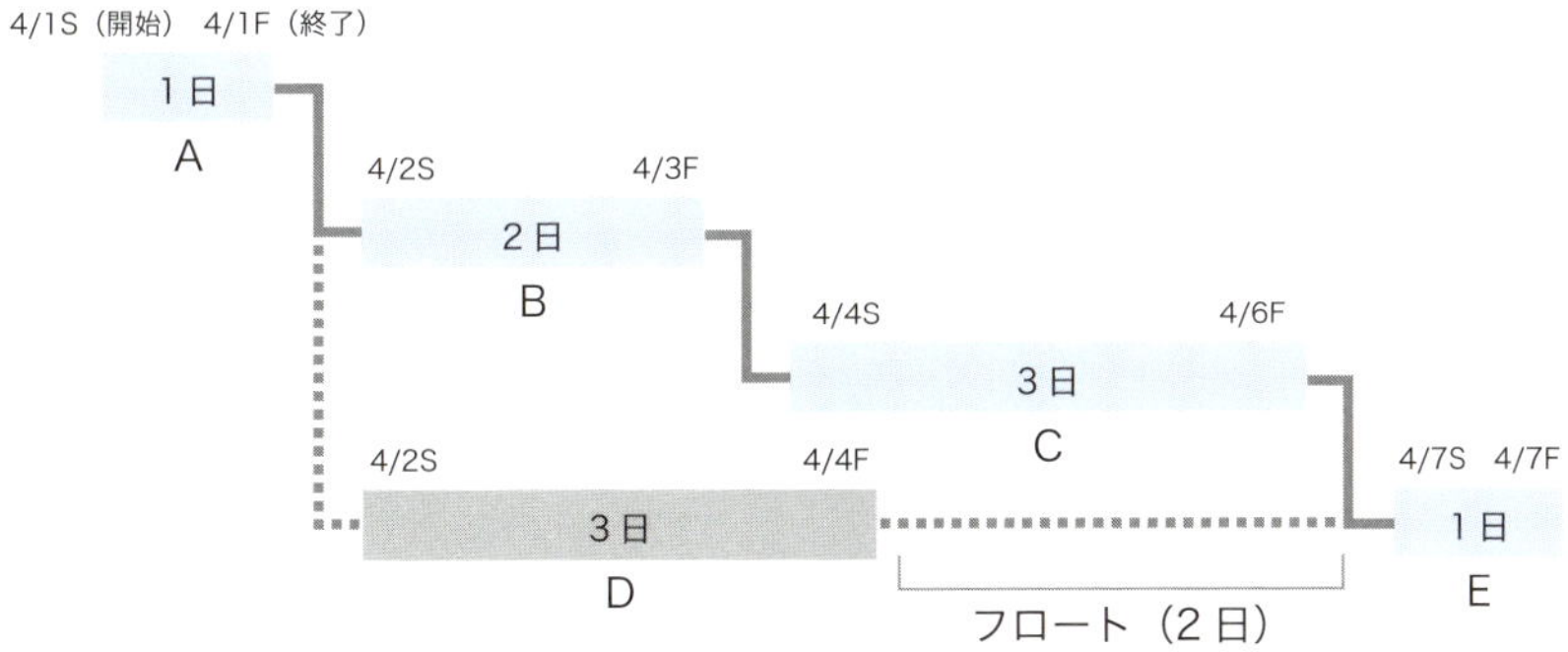

用語解説

クリティカルパス

プロジェクトの最も長い経路（パス）。フロートがゼロの作業で構成される。

フロート（余裕期間）

プロジェクトの完了日を遅らせずに、作業の最早開始日を遅らせることができる期間。

43 アーンドバリューマネジメント

アーンドバリューマネジメント（ＥＶＭ：Earned Value Management）の目的は、プロジェクトの進行状況を監視して、プロジェクト全体の進捗状況を把握する一つの方法です。これは、アメリカの大規模政府調達において、発注側が効率的なプロジェクト運営を目指すために、プロジェクトの進行状況を受注側から報告させるために開発された考え方です。

民間プロジェクトの場合は、厳しい予算とスケジュールのなかで、自社内のプロジェクトや受注プロジェクトの進行を把握、コントロールすることが目的となります。

単なる進捗を測定するだけではなく、このまま進めるとプロジェクトの終盤で予算やスケジュールがどうなるかを予測し、早期に対応策を実施することにＥＶＭの意味があります。

「管理のためのベースライン（ＰＶ：Planned Value）」と、これに対する「現状の作業出来高（ＥＶ：Earned Value）」と「実際の発生コスト（ＡＣ：Actual Cost）」の三つから、進行状況とパフォーマンスが割り出され、プロジェクトの最終推定コスト（ＥＡＣ：Estimate at Completion）の予想が可能となります。これらの関係を左図に示します。図はプロジェクトマネジメントの進捗把握、将来予測の基本的な考え方を示しています。

出来高（ＥＶ）や実際の発生コスト（ＡＣ）をファクターとして最終推定コスト（ＥＡＣ）が求められることに意義があります。ＥＡＣはプロジェクトの方向性を示し、問題点の先取りとなって早期対策の検討と実施のための道具となります。

コストと時間で進捗管理

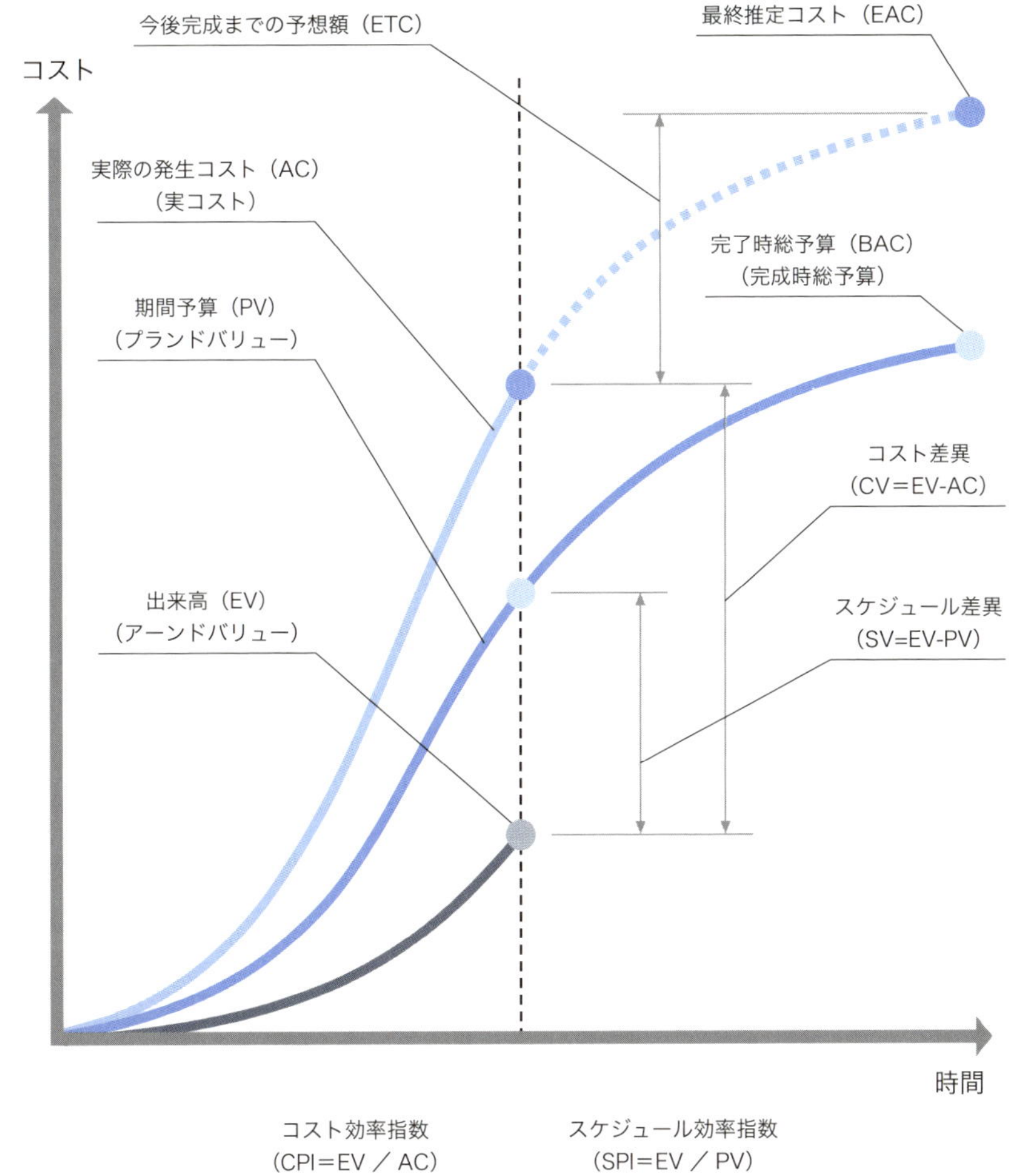

44 リスクマネジメント

リスクは起きることを前提にして検討しておくことが重要です。

・リスクを事前に想定し、生じた際の対策の準備
・プロジェクトの期間中の継続した監視
・リスクの兆候が現れれば対策の実施
・新しいリスク発生の監視
・正しい手順での管理

などのプロセスをリスクマネジメントといいます。

最初に行うのは、どのようなリスクがあるのかを識別することです。

次に、その識別されたリスクが生じたときに、どのような影響をプロジェクトに与えるかを定性的、定量的に分析し、順位づけをして、重要度の高いものから順に、リスクが具現化したときに講じるべき対応策を計画します。

リスクの対応は、

①回避：代替案の実行など対象作業を行わないこと
②転嫁：リスクを第三者に引き受けてもらうこと。コストを伴う
③軽減：特定の処理を講じてリスクの発生確率およびインパクトを少なくすること
④受容：リスクを識別するが、対策をしないこと

という方法があり、どれを選ぶかは計画の段階で想定し、決めておきます。

リスクが生じて適切に対応できた場合にも新たなリスクが残る場合もあり、十分な注意が必要です。

これらは初期計画の段階にのみ行われるものではなく、繰り返し行われる必要があります。得たリスクに対する教訓は整理し、知識としてデータベース化してプロジェクトの実践において活用していく必要があります。

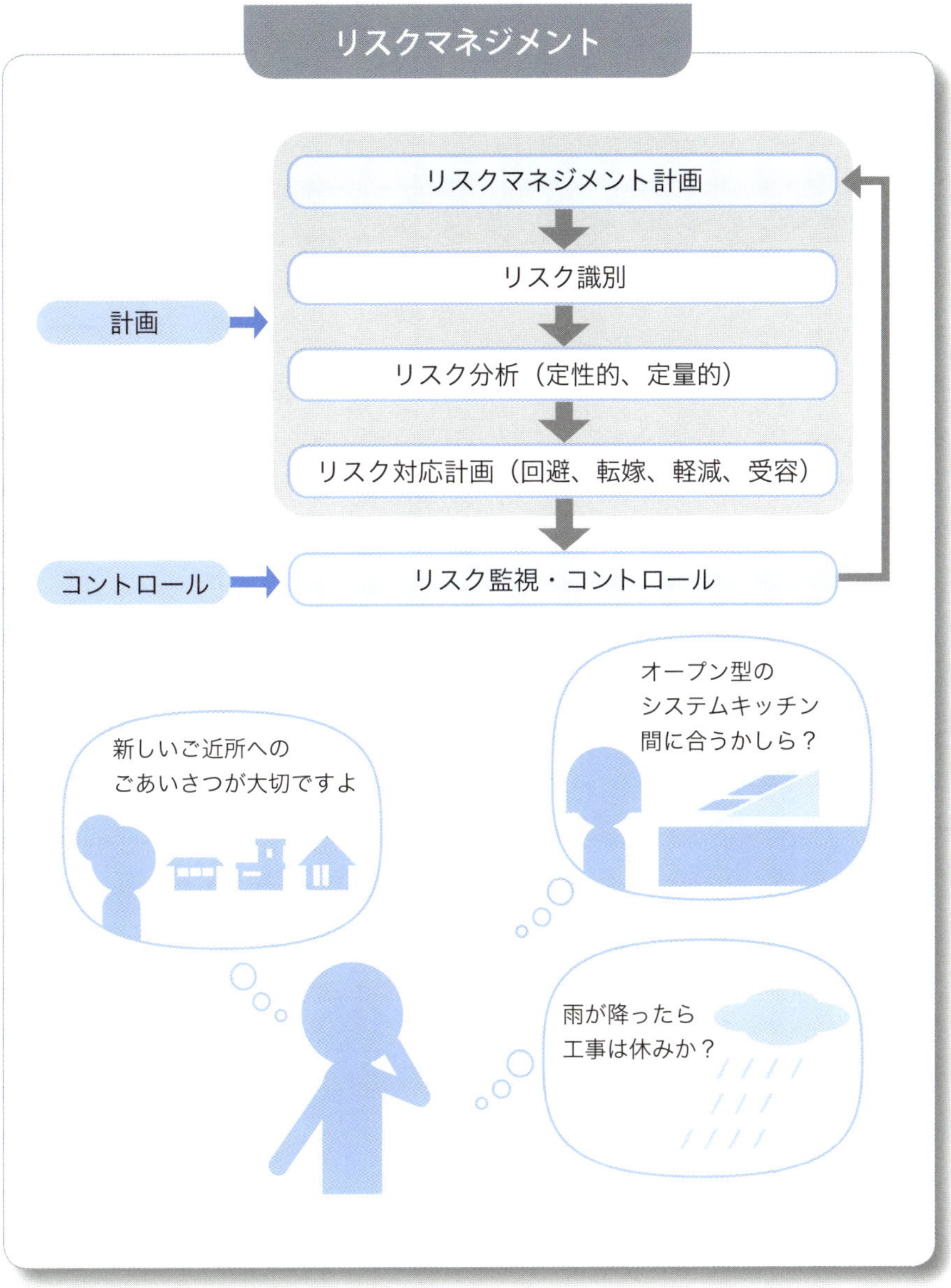
リスクマネジメント
リスクマネジメント計画
リスク識別
計画
リスク分析（定性的、定量的）
リスク対応計画（回避、転嫁、軽減、受容）
コントロール
リスク監視・コントロール
オープン型の
システムキッチン
間に合うかしら？
新しいご近所への
ごあいさつが大切ですよ
雨が降ったら
工事は休みか？

45 コミュニケーションマネジメント

プロジェクトを進めていくうえで、ステークホルダーとの円滑なコミュニケーションは重要です。コミュニケーション計画とは、どのような情報を、いつ、誰に、どう伝えるかを決めることです。一般的には顧客、社内の関係組織、そして、取引先とのコミュニケーションが対象の範囲です。

プロジェクト関係者を一覧表、または組織図にまとめ、確認できるようにして連絡窓口を決めます。

プロジェクト文書の種類や文書番号の体系化して文書ごとの連絡手段も決めておきます。コミュニケーションをより確実なものにするために、あらかじめ定期進捗報告会議などを計画します。会議の結果である議事録も確実に残すようにします。

プロジェクトの重要事項の承認ルール、情報の保管方法の取り決めも必要です。保管される情報は改訂履歴が明確になるように文書の名称、あるいは文書番号に工夫を施します。

規模が大きい場合は、このようなコミュニケーションのルールを計画書としてまとめ、確実に運用されるように周知徹底します。

ステークホルダーが多くなるとコミュニケーションは複雑になりますから、コミュニケーション計画によって統制のとれた情報交換が行われるようにしなければなりません。

コミュニケーションの失敗は、プロジェクトの運営が滞るだけでなく、成果物の品質にも影響を与えます。間違った情報や古い情報を伝えないこと、複数の発信源から類似情報を流さないこと、そして、依頼内容や指示を明確にして、関係者が混乱なく行動ができる情報発信を行うことが大事です。

コミュニケーションマネジメント

連絡窓口を決めて確実に

情報の一元化が重要。関係者が増えると、爆発的にコミュニケーションチャンネルが増えるので要注意。

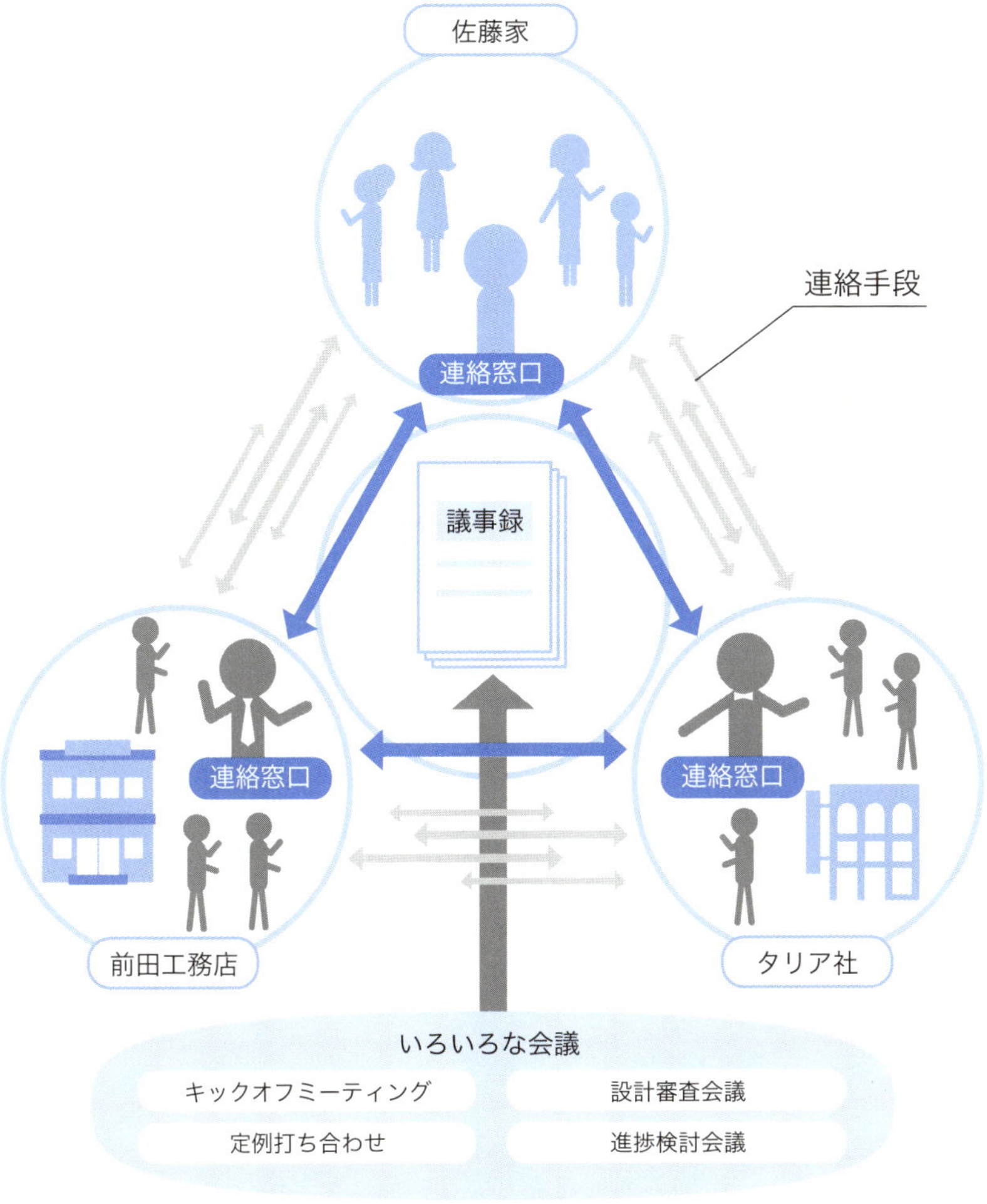

46 品質マネジメント

プロジェクトでの品質は「成果物が要求事項を満足していること」を「品質」として定義しています。

プロジェクトが目標を達成するには、求められる品質が達成されていなければなりません。そのためプロジェクトマネジメントでは、プロジェクトの実行を通じて要求事項を満足する品質を達成するための活動を「品質マネジメント」と呼んでいます。

品質マネジメントの基本は「品質は管理するものでなく、計画するものである」ということです。つまり、成果物を検査して品質を確保することだけでなく、初期段階に要求事項を十分把握したうえで、それをどのように実現していくかというプロジェクトの方法、手順（プロセス）を確立して、品質を保証していくという考え方です。

品質マネジメントは以下の手順で行われます。

①品質計画：成果物である製品やサービスへの要求事項に基づいて達成すべき品質水準を設定し、その指定した品質水準を満足するための方法、手順を、スケジュール、コスト、組織、責任範囲などを調整して計画

②品質保証：要求品質が十分満足することを保証するために、必要な証拠を提供する活動

③品質管理：成果物が設定した品質水準に適合しているかどうかを検査し、不適の際には原因究明、改善措置を講じる

似たような定義の用語にグレードがあります。グレードとは同一の用途を持つ製品やサービスについて、異なる品質要求事項に対して与えられる区分、もしくはランクのことです。旅客機であればビジネスクラスとエコノミークラスの違いです。

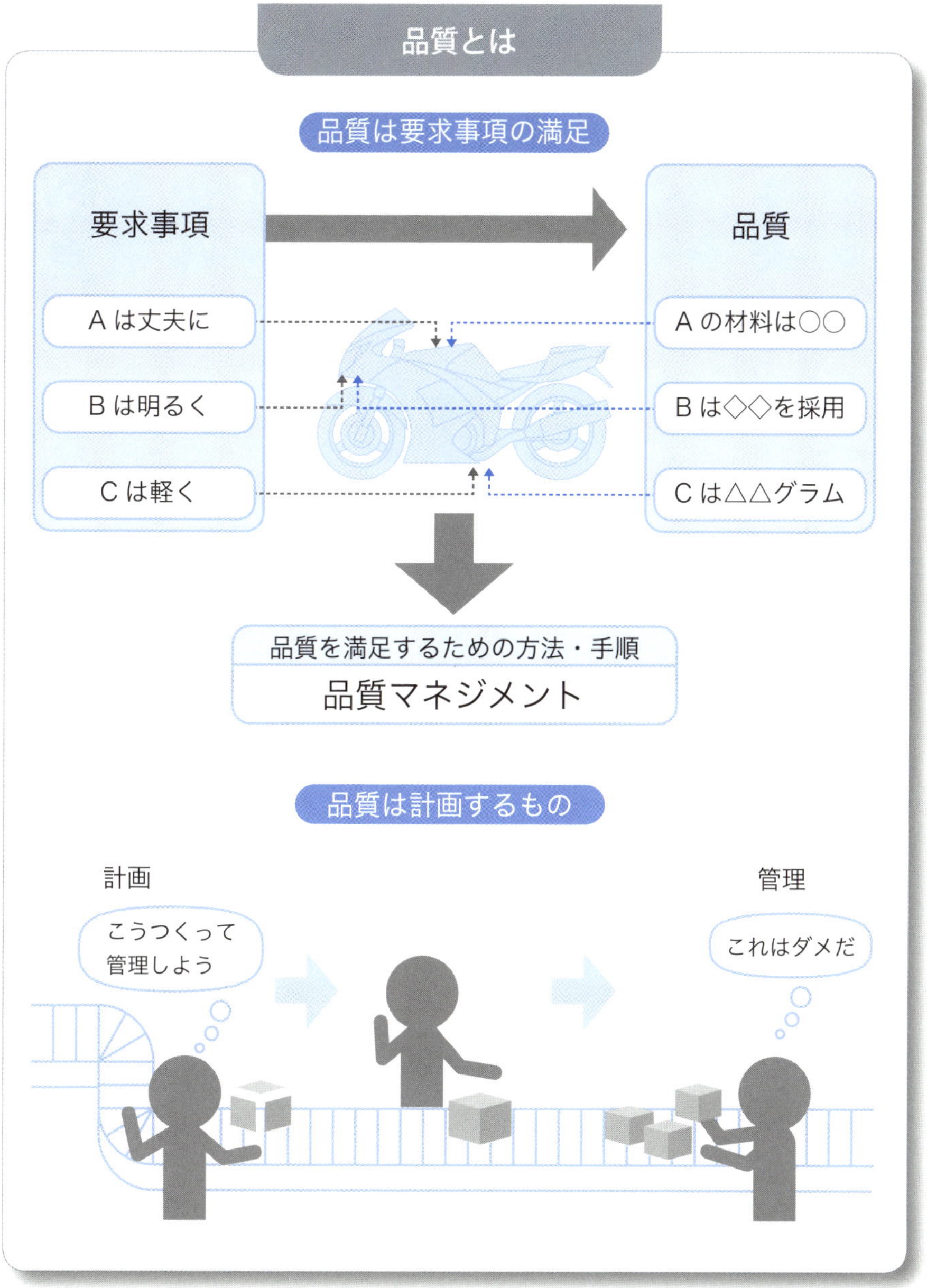
品質とは
品質は要求事項の満足
要求事項
品質
A は丈夫に
B は明るく
C は軽く
A の材料は○○
B は◇◇を採用
C は△△グラム
品質を満足するための方法・手順
品質マネジメント
品質は計画するもの
計画
こうつくって
管理しよう
管理
これはダメだ

47 契約管理

プロジェクトは契約に基づいて遂行されます。相互の意思決定の結果であり、当事者間の法律や規範になるものが契約書です。契約者双方（発注者と受注者）の権利や義務が記載されています。

請負契約における契約書の主な記載事項は、

①目的
②履行期限
③検収基準
④契約代金の支払い時期および方法
⑤契約履行場所
⑥契約金額
⑦履行遅滞や債務不履行の場合の処置
⑧瑕疵担保責任
⑨不可抗力
⑩紛争解決方法

などです。

工事請負契約の場合には仕様書、設計図などが添付され、プロジェクト遂行中に双方が合意した覚書なども契約書の一部を構成することになります。

契約通りにプロジェクトが遂行されているかを確認し、逸脱したものがあれば是正しなければなりません。このプロセスを契約管理といいます。

契約上のトラブルが生じた場合、まずは事実を正確に把握し、契約相手との協議で解決策を見出すことが大切です。双方で解決に至らない場合には、契約書の紛争解決方法に従って解決を図らなければなりません。

何気ない行為が契約上のトラブルになる場合もありますので、契約書に記載されている権利や義務が、プロジェクト遂行における重要な意味を持っているということを理解することが大切です。

プロジェクトマネジャー自身が、当該プロジェクトの契約内容を十分理解することは必須であり、プロジェクトメンバーにも契約書の内容を理解させるように努め、プロジェクトの業務を進めることが必要です。

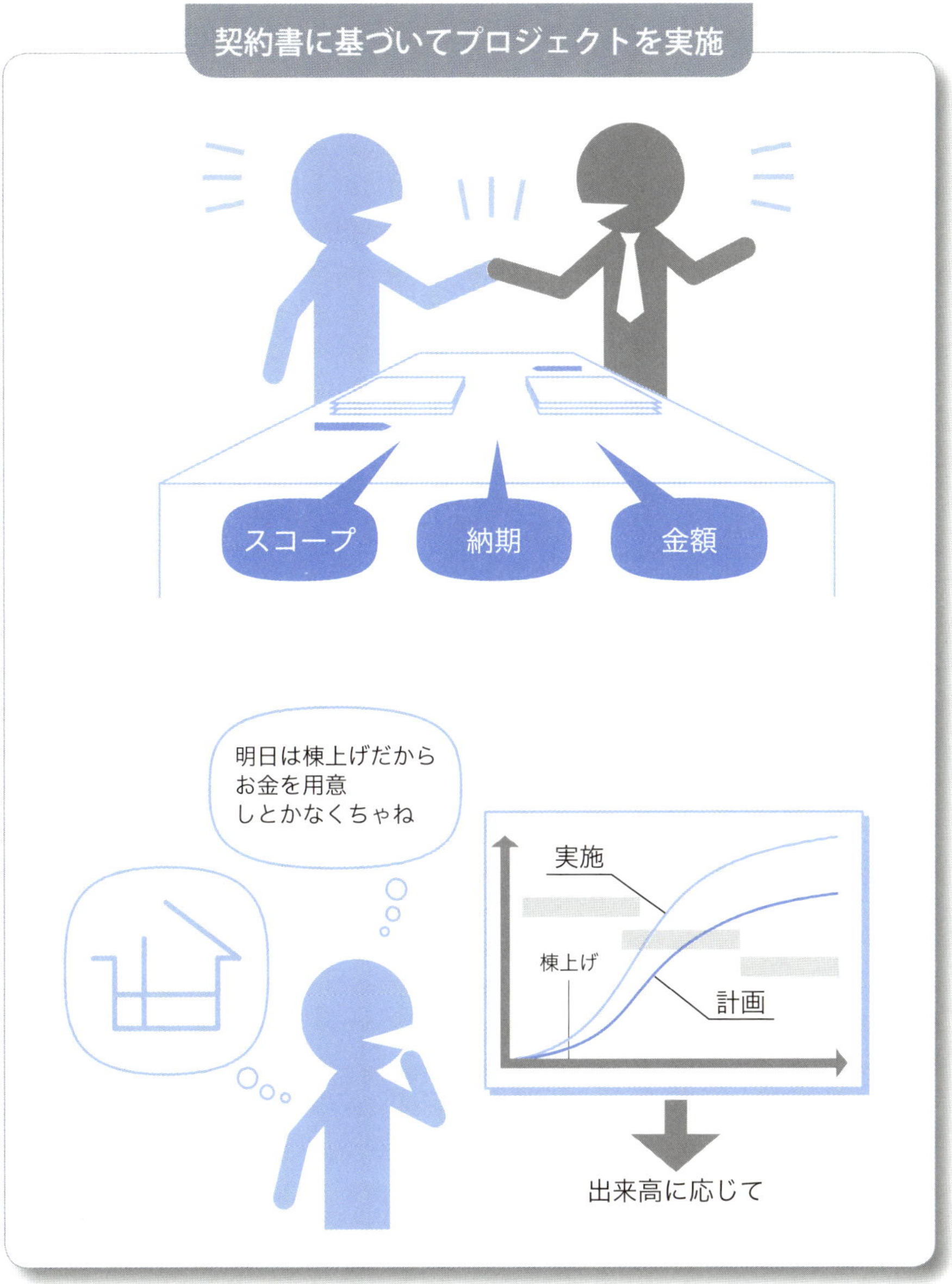
契約書に基づいてプロジェクトを実施
スコープ
納期
金額
明日は棟上げだから
お金を用意
しとかなくちゃね
実施
棟上げ
計画
出来高に応じて

48 エンタープライズ・プロジェクトマネジメント

エンタープライズ・プロジェクトマネジメント（EPM）は、プロジェクトマネジメント方式による組織運営（Management by Projects）の発展型です。

EPMには二つのタイプがあります。

●製造業などで、プロジェクトマネジメントを基軸に事業（部）運営を行って企業革新を図ろうという試み

●エンジニアリング会社などで、個別プロジェクトごとのプロジェクトマネジメントはあるが、全社で統一したプロジェクト運営基準やプロジェクトマネジメントプロセスを設け、計画、管理ツールを横断的な対応ができるように改良し、プロジェクト全体の最適管理を実施する

EPMの狙いを以下にまとめてみます。

●新規の事業や課題の対応にプロジェクトマネジメントが持つ、目的の定量化、作業の分析、工程の明確化、進捗の可視化などの手法を応用して、迅速な立ち上げと問題解決を図る

●事業全体をプロジェクト群として捉えて、事業戦略に従って優先順位の設定と案件の組み合わせの最適化を図る（プロダクト・ポートフォリオ・マネジメントの応用）

●プロジェクト運営の共通項的な仕組みや手順、ツールなどを全社でまとめて開発、保守し、活用する

EPMでは、全体最適化の観点から組織全体のプロジェクトマネジメント能力を継続的改善で高めていくことも重要な任務です。EPMを採用する企業には、通常、プロジェクトマネジメントオフィス（PMO）といわれる組織があり、プロジェクトマネジメントの推進と活用を支援しています。

EPM とは

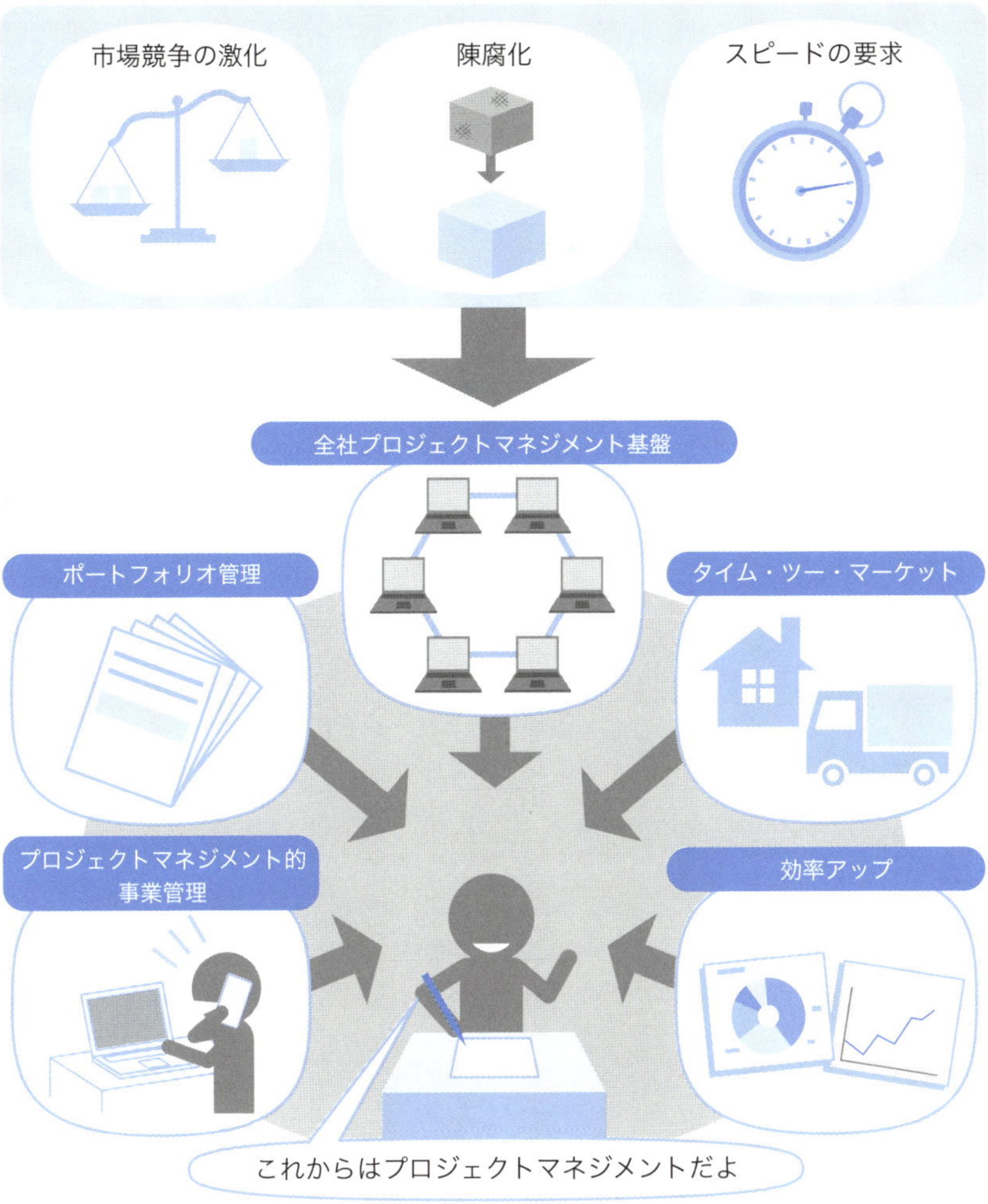

用語解説

EPM（Enterprise Project Manegement）

企業（Enterprise）内の活動をすべてプロジェクトとして捉えて管理するもの。

49 複雑な課題はプログラムで

国際宇宙ステーションの「きぼう」日本実験棟、宇宙ステーション補給機「こうのとり」、ロボットアームなどの構想・開発・運用は、大規模・複雑多岐・長期にわたるので、複数のプロジェクトを有機的に組み合わせた一つのプログラムとし、全体使命（宇宙に人を長期滞在させる）の達成・実現のために実施されています（図1）。

このプログラムとしての考え方は、企業改革、ビジネスモデル再構築、研究開発、大規模ICTシステム開発、広域開発などの場面に活用されています。

プログラムマネジメントはプログラムの全体使命（ミッション）を実現するために、プログラムの価値が最大になるように「構想・企画」▼「構築・開発」▼「運用・利用」までを一貫して検討・考察し推進するマネジメントの手法です。

複雑で多様な課題がからみあった要求がある場合はプログラムとして対応します。しかしプログラムは複数の課題があり拡張性もあるため、全体の要求がわかりにくいという特徴があります。

そこで『あるべき姿（理想）』を描き、次に『ありのままの姿（現状）』を認識・分析します。そして『ありのままの姿』から『あるべき姿』へ至るための課題を抽出、複数のプロジェクトとして創成、全体使命（ミッション）の実現へ、プログラムの価値が最適となるようにプロジェクト群の関係をミッションプロファイリング（図2）として組み立てします。

プログラムマネジメントは複雑な課題に柔軟に対処するために、プロジェクトサイクル結合（図3）として「スキームプロジェクト」「システムプロジェクト」「サービスプロジェクト」の三つのプロジェクトを組み合わせて考察します。特にサービスプロジェクトに視点をおいた組立ては大事です。

プログラム&プログラムマネジメント

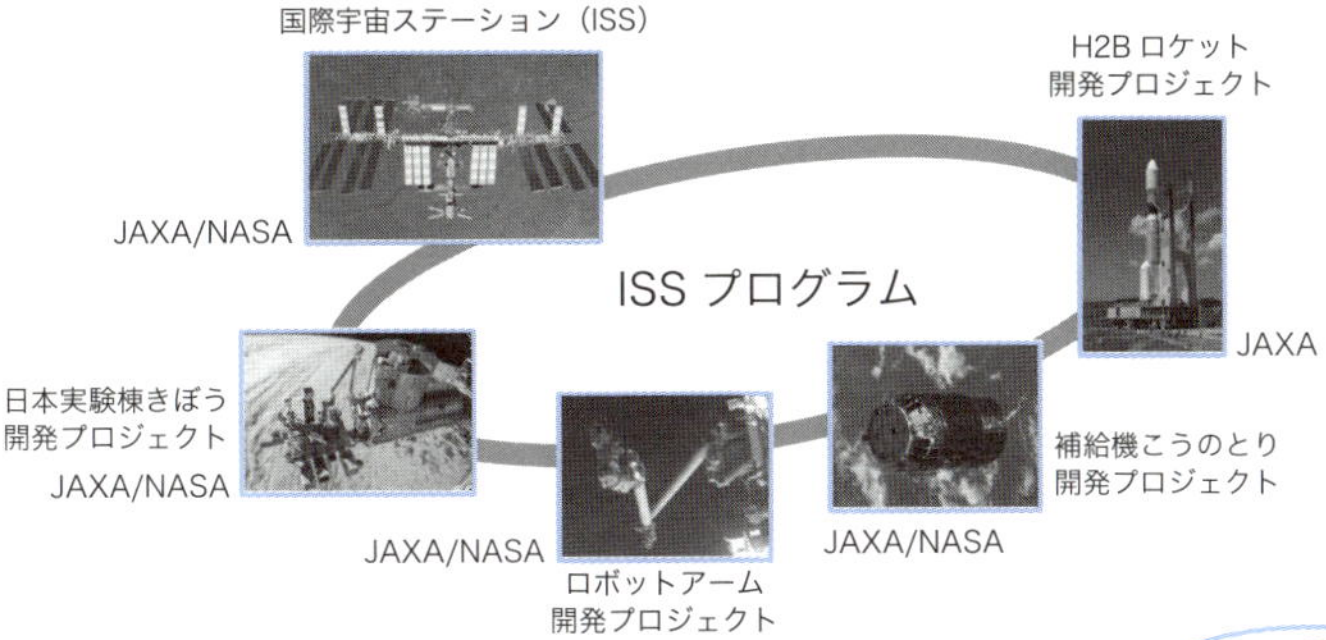

国際宇宙ステーション開発プログラム（図 1）

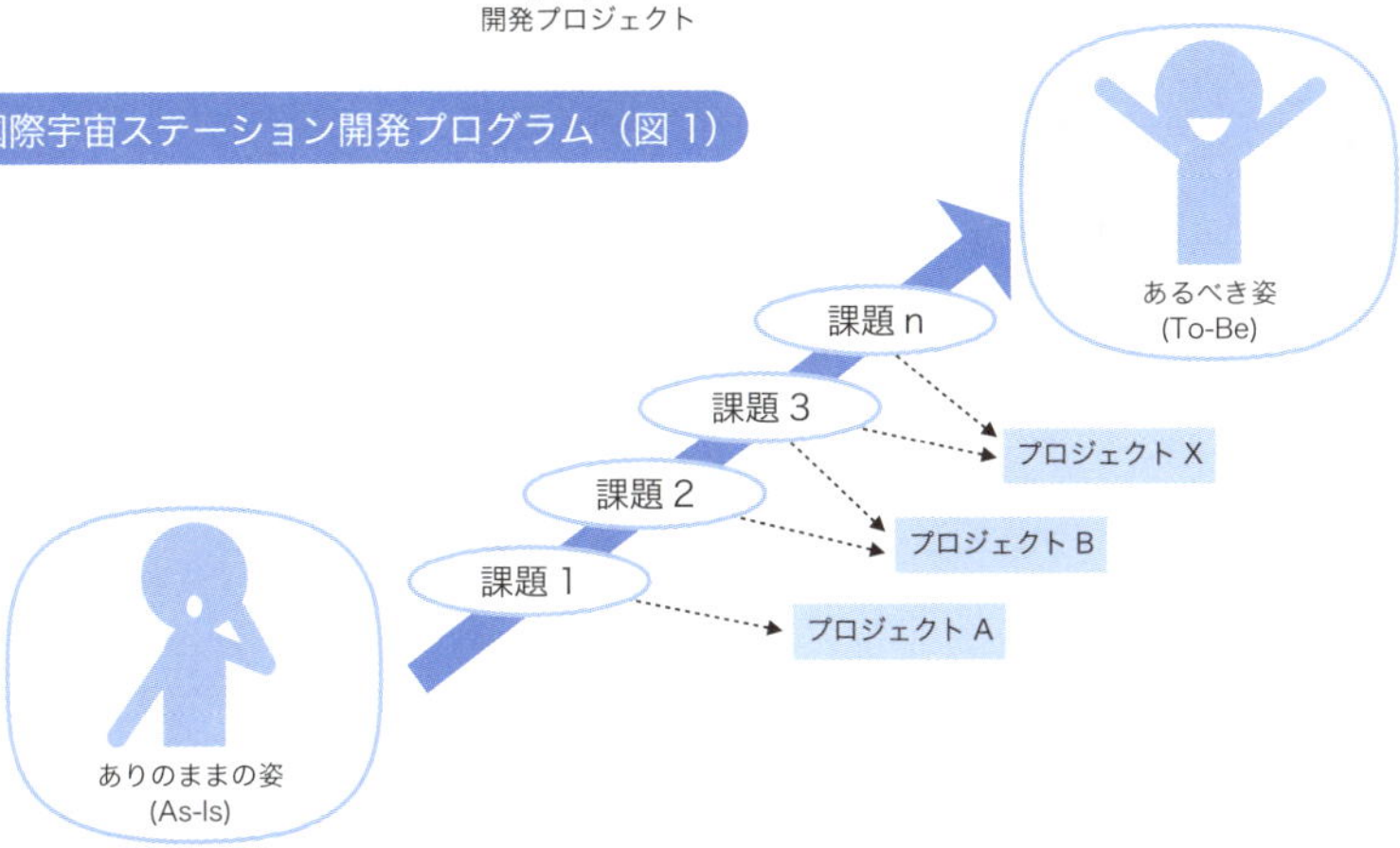

ミッションプロフィリング（図 2）

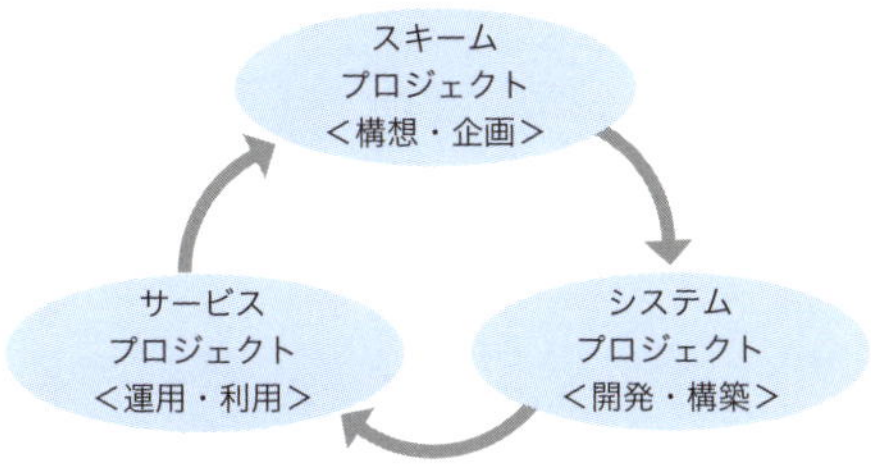

プロジェクトサイクル結合（図 3）

50

日々の仕事にプロジェクトマネジメントを活用しよう

本書では「マイホームづくり」のイベントをプロジェクトの事例として、プロジェクトマネジメントを説明しました。マイホームづくりプロジェクトを通して「プロジェクトマネジメントとは誰にでも実践できる、1回限りのイベントを成功に導く手法である」ことが理解いただけたと思います。

プロジェクトマネジメントは「段取り八分、仕事二分」（事前準備をきちんとしたら、仕事の8割は終わったと同じ）ということわざを、具体的に実施する方法です。仕事を見える化し、何を考え、どの順序で実施していくかの基本を示しています。

現在、政府機関、企業、教育機関など、多くがプロジェクトとして業務を進めています。プロジェクトマネジメントの意義はプロジェクトを合理的に計画し、いかに効率よく遂行して完成させるかです。また、得られた教訓を次のプロジェクトに生かして成功させるか、そして、人材をどのように育成していくかです。さらには、プロジェクトマネジメントを応用し、新しい事業の創出へ貢献するという期待も広がっています。

プロジェクトマネジメント関係団体が発行するプロジェクトマネジメントの標準や多くのレポートは活動の成果であり、効用は実証され、さまざまな分野で活用されています。

インターネットのなかにもプロジェクトマネジメントの活用情報があふれています。それらを仕事に、プライベートに、有効活用してください。

まずは、身近なところでプロジェクトマネジメントを実践してみませんか。学園祭でも、運動会などの町内会のイベントでもいいでしょう。ぜひ、プロジェクトマネジメントを活用してください。その経験をもとに、より大きな組織活動にもプロジェクトマネジメントを適用してみてください。

プロジェクトマネジメントの実践力のつけ方

プロジェクトマネジメント（PM）要員のトレーニングは
組織内で実施、あるいは組織外で受けることができます。

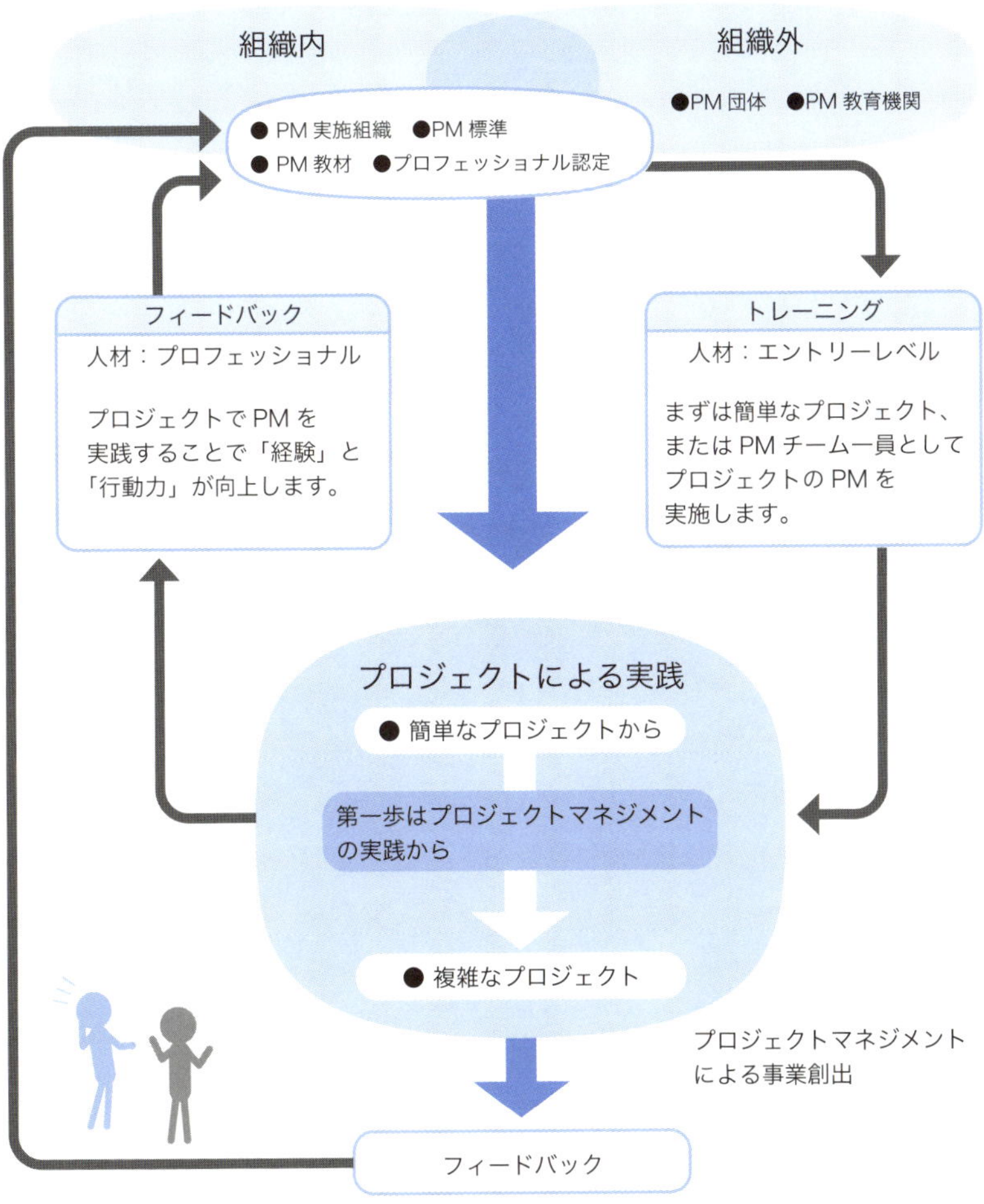

プロジェクトの終了に際して、必ず「レッスンズラーンド」をまとめ、
組織の財産とします。

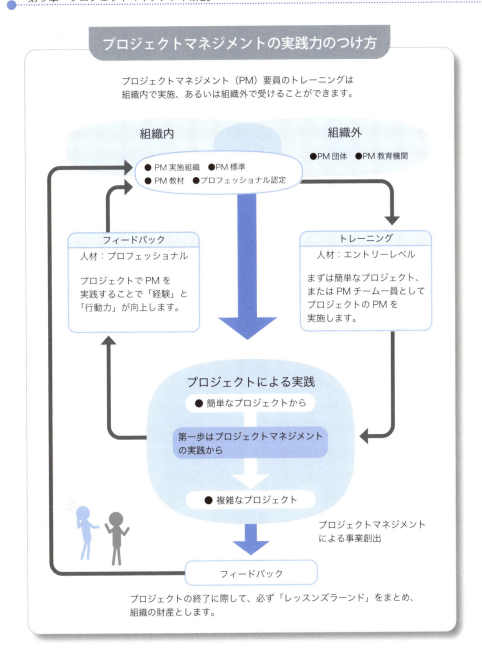

特定非営利活動法人　日本プロジェクトマネジメント協会
Project Management Association of Japan(PMAJ)

日本プロジェクトマネジメント協会（ＰＭＡＪ）は、１９９８年に発足したＪＰＭＦ（日本プロジェクトマネジメントフォーラム）という、エンジニアリング協会内のＰＭ実践家の有志が立ち上げた集団と、２００２年に発足した、ＰＭＣＣ（プロジェクトマネジメント資格認定センター）というＰ２Ｍガイドブックを基礎とした資格試験の運営を行う組織とが、２００５年にＮＰＯとして統合される形で結成された、日本におけるプログラム＆プロジェクトマネジメントの草分けとなる団体です。その運営方針は、以下の通りです。

〔運営方針〕

1　産学官に広く門戸を開放し、会員による自主運営を行う

2　高い志を持つ会員のＰＭ実践活動を通じ、ＰＭの普及を図り社会に貢献する

3　ＰＭ実践家の交流を図り、ＰＭの職業の発展への貢献を行う機会を提供する

日々の活動は、会員の活動を中心に、産学官へのＰＭ普及活動、ＰＭシンポジウム・ＰＭセミナー、ＰＭ講習、ＰＭ資格の資格取得の推進を基本としています。

資格の有無は問いません、皆様も会員に参加され、活動をしてみませんか。

本書は、プロジェクトマネジメントを「わかりやすく、やさしく解説する」というプロジェクトに、日本プロジェクトマネジメント協会（ＰＭＡＪ）の有志たちが集い、議論を重ねながら書き上げたものです。

執筆に際し、講評をいただいた、田中 弘様、加藤 亨様、関谷 哲也様、永久 公一様、三浦 進様、三浦 嘉倫様、山崎 正敏様、山根 哲博様、渡辺 貢成様に感謝を申し上げます。

〔日本プロジェクトマネジメント協会（PMAJ）〕　URL　https://pmaj.or.jp/
e-mail　admi@pmaj.or.jp

【た】

【な】

【は】

索引

■『よりよくわかるプロジェクトマネジメント』編集委員会
日本プロジェクトマネジメント協会
古園 豊（企画業務部）
三浦 進（グローバル化推進部）
福岡 敬介（資格研修センター）

- 本書の内容に関する質問は、オーム社ホームページの「サポート」から、「お問合せ」の「書籍に関するお問合せ」をご参照いただくか、または書状にてオーム社編集局宛にお願いします。お受けできる質問は本書で紹介した内容に限らせていただきます。なお、電話での質問にはお答えできませんので、あらかじめご了承ください。
- 万一、落丁・乱丁の場合は、送料当社負担でお取替えいたします。当社販売課宛にお送りください。
- 本書の一部の複写複製を希望される場合は、本書扉裏を参照してください。

JCOPY ＜出版者著作権管理機構 委託出版物＞

よりよくわかるプロジェクトマネジメント

2019 年 10 月 1 日　第 1 版第 1 刷発行
2021 年 10 月 10 日　第 1 版第 3 刷発行

編　者　日本プロジェクトマネジメント協会
発行者　村上和夫
発行所　株式会社 オーム社
郵便番号　101-8460
東京都千代田区神田錦町 3-1
電話　03(3233)0641(代表)
URL　https://www.ohmsha.co.jp/

© 日本プロジェクトマネジメント協会 *2019*

組版　さくら工芸社　　印刷・製本　壮光舎印刷
ISBN978-4-274-22424-9　Printed in Japan

オーム社おススメの統計学入門書

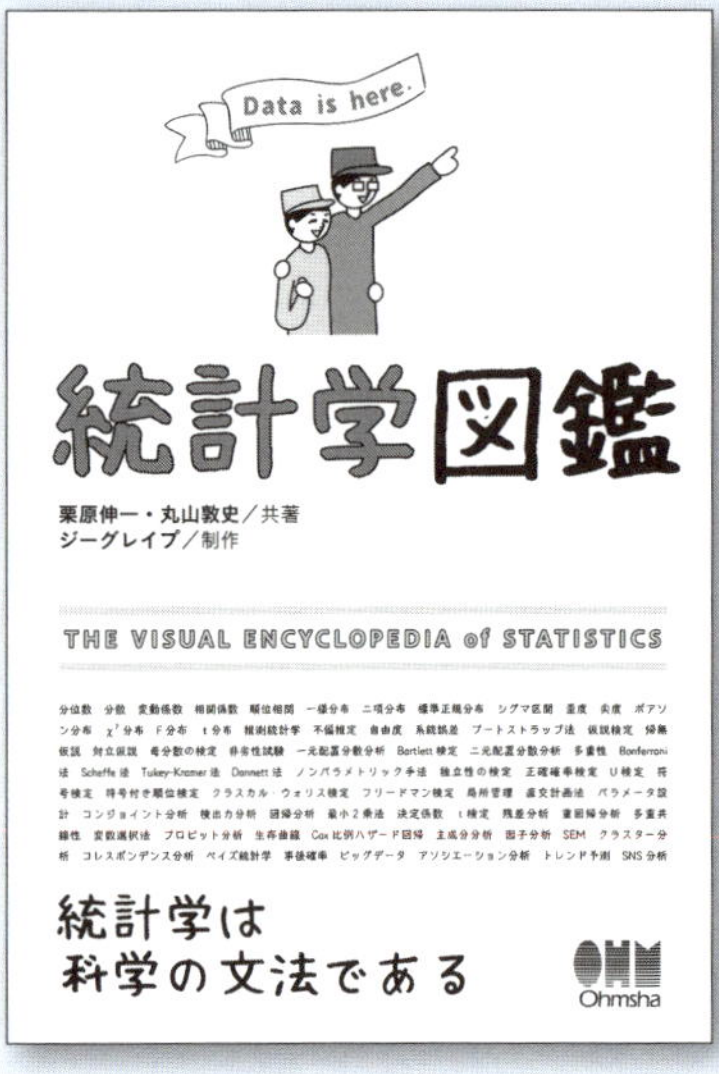

統計学図鑑

栗原伸一・丸山敦史 共著
ジーグレイプ 制作

定価（本体2,500 円【税別】）
A5／312頁

「見ればわかる」統計学の実践書！

本書は、「会社や大学で統計分析を行う必要があるが、何をどうすれば良いのかさっぱりわからない」、「基本的な入門書は読んだが、実際に使おうとなると、どの手法を選べば良いのかわからない」という方のために、基礎的から応用までまんべんなく解説した「図鑑」です。パラパラとめくって眺めるだけで、楽しく統計学の知識が身につきます。
また、統計にまつわる楽しいお話が載ったコラムや偉人伝なども見どころです。

「統計学は
科学の文法である」
— K·ピアソン

入門　統計学
—検定から多変量解析・実験計画法まで—

栗原 伸一 著

定価（本体 2,400 円【税別】）
A5／336頁

これ一冊で統計学全般を学ぶことができる！

本書は分布から区間推定、検定、分散分析、多変量解析、実験計画法まで統計学に関するすべてを扱います。統計学に関する書籍は非常に多いですが、分析手法がわからない読者はこれ 1 冊で、統計学全般を学ぶことができ、さらに例題や演習問題を解くことにより、統計学を身につけることができます。公式ありきでなく、背景にある分析の考え方がわかる教科書です。
統計学を学ぶ学生の方や・研究者、統計手法を一通り知りたい人などにお勧めです。

もっと詳しい情報をお届けできます.
◎書店に商品がない場合または直接ご注文の場合も右記宛にご連絡ください.

ホームページ　http://www.ohmsha.co.jp/
TEL／FAX　TEL.03-3233-0643　FAX.03-3233-3440

（定価は変更される場合があります）　F-1611-205-3

好評関連書籍

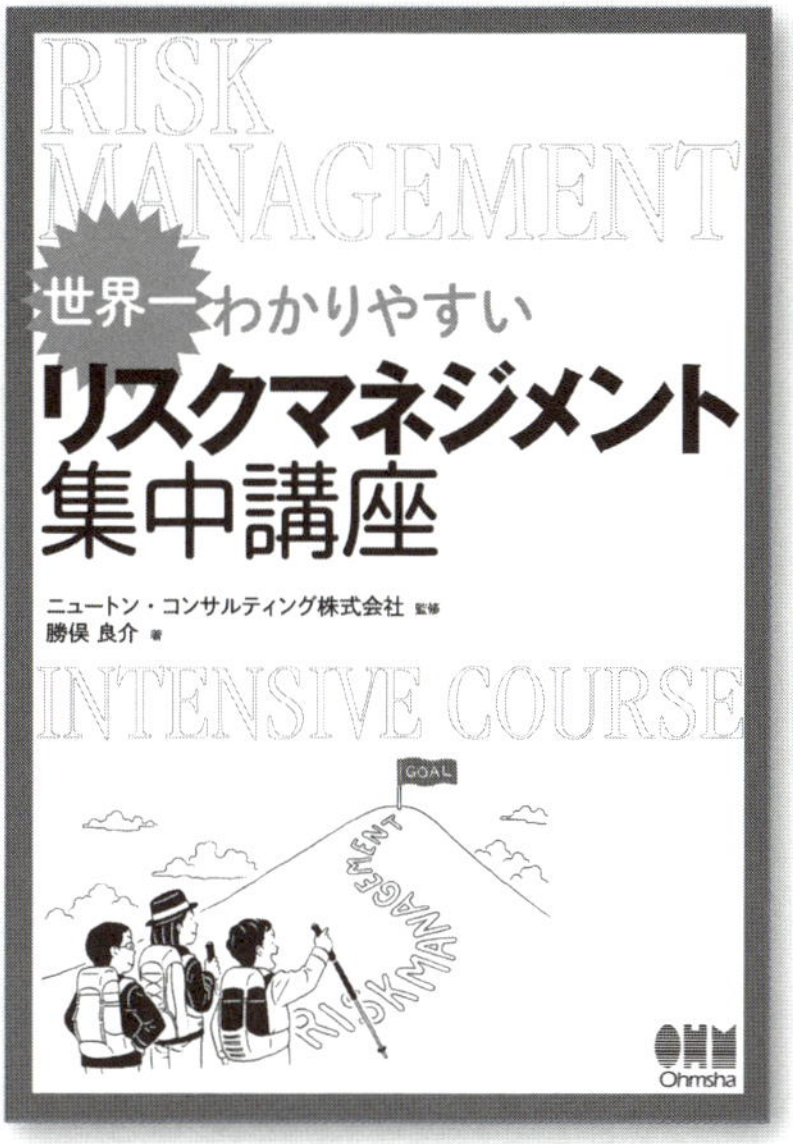

世界一わかりやすい

リスクマネジメント集中講座

ニュートン・コンサルティング株式会社［監修］
勝俣 良介［著］

A5判／240ページ／定価（本体2,200円【税別】）

「リスクマネジメント術」を世界一わかりやすい講義形式で学べる！

本書は、リスクマネジメントの実務担当者はもちろんのこと、ミドルマネジメント、経営層に至るまで組織を率いて活動する人が、最低限知っておくべきリスクマネジメント知識やその実践方法について、やさしく解説します。

また、知識ゼロの人でも直感的に、かつ短時間で理解できるように、イラストを多用し、講師と生徒による対話形式で、無理なく短時間で読み進めることができるようにしています。

技術者倫理とリスクマネジメント

―事故はどうして防げなかったのか？―

中村 昌允［著］

A5判／288ページ／定価（本体2,000円【税別】）

事故・技術者倫理・リスクマネジメントについて詳解！

本書は、技術者倫理、リスクマネジメントの教科書であるとともに、事故の発生について深い洞察を加えた啓蒙書です。技術者倫理・リスクマネジメントを学ぶ書籍の中でも、事故・事例などを取り上げ、その対処について具体的に展開するかたちをとっているユニークなものとなっています。

原発事故、スペースシャトル爆発、化学プラントの火災などを事例として取り上げ、事故を未然に防ぐこと、起きた事故を最小の被害に防ぐことなど、リスクマネジメント全体への興味が高まっている中、それらに応える魅力的な本となります。

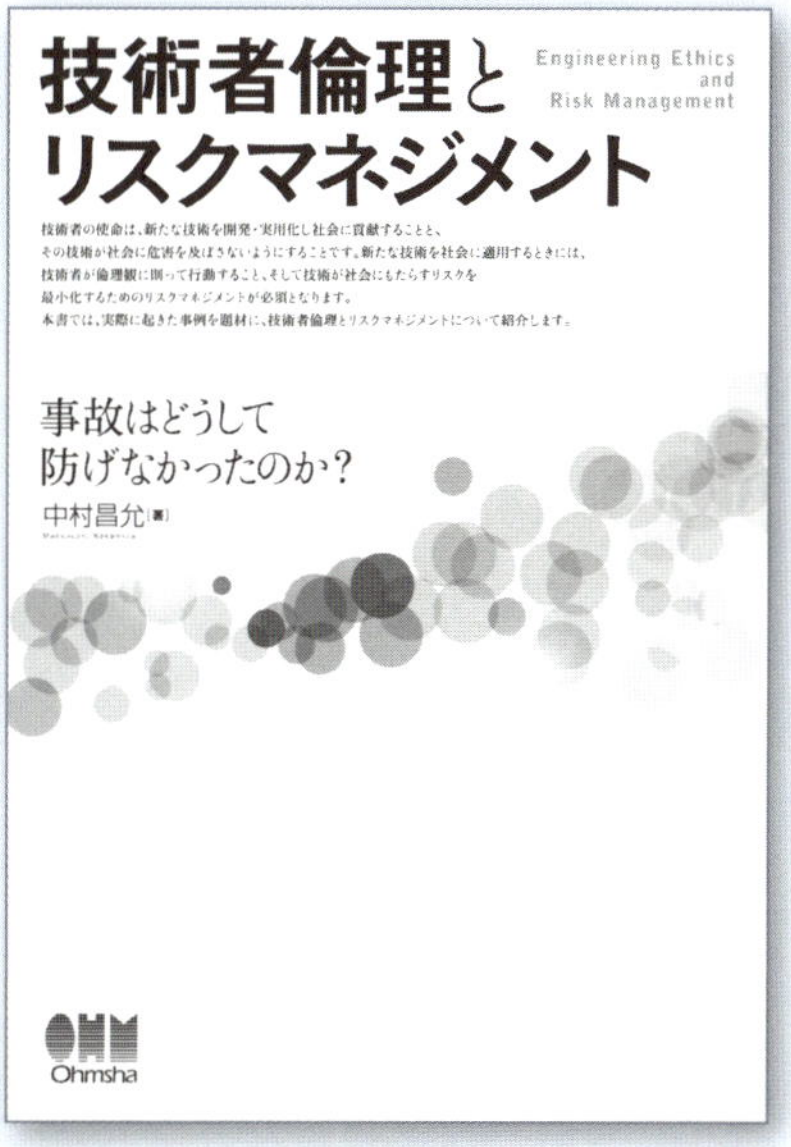

もっと詳しい情報をお届けできます。
◎書店に商品がない場合または直接ご注文の場合も右記宛にご連絡ください。

ホームページ https://www.ohmsha.co.jp/
TEL／FAX TEL.03-3233-0643 FAX.03-3233-3440

（定価は変更される場合があります）

F-1803-238

関連書籍のご案内

PMBOK
第6版
対応版

プロジェクトマネジメント標準 PMBOK入門

広兼 修［著］
定価（本体2000円【税別】）
A5判／208ページ

プロジェクトマネジメント標準手法「PMBOK」のわかりやすい解説書！

最新のPMBOK第6版に対応！

本書はプロジェクトマネジメントを理解するために必要な知識である、プロジェクトマネジメント標準手法「PMBOK」について、要点をしぼって解説した書籍です。どういったものがプロジェクトなのか、プロジェクトとは何かを説明した上で、PMBOKの知識体系がどのように現場で生かされているのかを、具体的な場面に置き換えて紹介しています。巻末には、事例にそったPMBOK活用法を確認するための小テストも付いていますので、すぐに実務に活用できます。

主要目次

序　章
第1章　プロジェクトに関する基礎知識
第2章　PMBOKの基礎知識
第3章　PMBOKを利用したプロジェクトマネジメント実践 計画フェーズ
第4章　PMBOKを利用したプロジェクトマネジメント実践 要件定義フェーズ
第5章　PMBOKを利用したプロジェクトマネジメント実践 設計・開発フェーズ
第6章　PMBOKを利用したプロジェクトマネジメント実践 テスト・移行フェーズ
第7章　PMBOKを利用したプロジェクトマネジメント実践 運用・保守フェーズ
付　録　プロジェクト失敗の原因を探せ

もっと詳しい情報をお届けできます.
◎書店に商品がない場合または直接ご注文の場合も右記宛にご連絡ください.

ホームページ　https://www.ohmsha.co.jp/
TEL／FAX　TEL.03-3233-0643　FAX.03-3233-3440

（定価は変更される場合があります）　F-1811-250